| 联合资助 | 国家自然科学基金项目(51809258)
武汉市知识创新专项项目(2022010801020164)
中国科学院青年创新促进会项目(2021325)
国家自然科学基金区域创新发展联合基金项目(U21A20159)
国家自然科学基金面上项目(52179117) |

地震作用下岩石材料的动态本构模型

DIZHEN ZUOYONG XIA YANSHI CAILIAO DE DONGTAI BENGOU MOXING

周永强　盛　谦　付晓东　　等著
陈　健　胡　波　丁海锋

中国地质大学出版社
ZHONGGUO DIZHI DAXUE CHUBANSHE

图书在版编目(CIP)数据

地震作用下岩石材料的动态本构模型/周永强等著. —武汉:中国地质大学出版社,2023.4
ISBN 978-7-5625-5583-4

Ⅰ.①地… Ⅱ.①周… Ⅲ.①岩石-工程材料-本构关系-研究 Ⅳ.①TB321

中国国家版本馆 CIP 数据核字(2023)第 081084 号

地震作用下岩石材料的动态本构模型	周永强 盛 谦 付晓东 陈 健 胡 波 丁海锋	等著

责任编辑:谢媛华	选题策划:谢媛华	责任校对:何澍语

出版发行:中国地质大学出版社(武汉市洪山区鲁磨路388号)	邮政编码:430074
电 话:(027)67883511 传 真:(027)67883580	E-mail:cbb@cug.edu.cn
经 销:全国新华书店	http://cugp.cug.edu.cn

开本:787 毫米×1092 毫米 1/16	字数:250 千字	印张:9.75
版次:2023 年 4 月第 1 版		印次:2023 年 4 月第 1 次印刷
印刷:武汉中远印务有限公司		
ISBN 978-7-5625-5583-4		定价:86.00 元

如有印装质量问题请与印刷厂联系调换

前　言

随着国民经济的持续快速发展和西部大开发战略的实施,一大批交通、水电、能源等国家战略与生命线工程已相继或即将开工建设。重大岩石工程作为这些工程的关键,在安全运营方面作用巨大,成为支撑西部发展、服务国家经济建设的重要基础设施,其安全是国家安全与社会经济发展的重要保障。

西部地区的重大岩石工程,建设规模之巨大、地质条件之复杂、地震活动之强烈,均为世界所罕见,重大岩石工程安全面临强震灾害的严重威胁。近几十年以来,世界范围内发生的一系列大地震使众多岩石工程遭受震害,导致工程结构开裂、坍塌和破坏。在地震作用下,岩石工程的损坏与围岩特性的关系甚大。对岩石地震响应来说,起主要作用的因素是围岩介质的动力特性。因此,研究地震作用下岩石的动力学特性,建立适用的动态本构模型,为开展岩石工程震害数值模拟及深入系统地认识震害机理提供技术支持,成为了岩石工程设计中迫切需要解决的重要课题之一。

本书以作者多年来在岩石材料本构模型研究中取得的成果为主进行介绍。全书共设6章,第1章为绪论,主要介绍本书的目的和意义,分析现阶段国内外岩石材料动态本构模型的发展情况;第2章介绍地震荷载的简化形式以及岩石材料在动态荷载和循环荷载下的力学特性;第3章构建了循环荷载下岩石材料的本构模型,基于该模型分析了等幅循环、分级循环和多级循环荷载下岩石材料的力学特性;第4章论述了动态荷载和动态循环荷载下岩石材料率效应与损伤效应的相互关系;第5章建立了三轴循环荷载下考虑损伤效应的岩石材料本构模型,在此基础上,创建了动态循环荷载下岩石材料的动态本构模型,基于该模型分析了真三轴动态循环荷载下岩石材料的动力学特性;第6章为结束语。其中,中国科学院武汉岩土力学研究所负责全书的组织、编写,沈阳工业大学和长安大学负责全书的编排和校对。详细分工如下:第1章由周永强、盛谦、陈健、付晓东、胡波和丁海锋编写;第2章由周永强、盛谦、付晓东编写;第3章由周永强、付晓东、丁海锋编写;第4章由周永强、付晓东、胡波编写;第5章由周永强、盛谦、付晓东编写;第6章由周永强编写;编排和校对由张振平、杜文杰、胡军、胡波、刘帅和丁海锋完成。

本书是针对地震作用下岩石材料动态本构模型的第一部论著,全书系统阐述了地震荷载的简化形式、动态循环荷载下岩石的力学特性、率效应和损伤效应的相互关系、地震作用下岩石材料的动态本构模型及数值应用。本书涉及岩石材料力学试验、有限元数值方法、本构模型构建和数值计算等诸多方面,可作为土木、水电、交通、岩土力学、工程地质、工程力学、防灾减灾等工科专业本科生和研究生的专业课教材,也可供高校、科研院所以及工程技术单位从事岩土工程数值分析的同仁参考。地震作用下岩石材料的动态本构模型所涉及的诸多研究细节仍然是国内外科学前沿和难点,书中所列技术与方法难免存在不足之处,研究团队会围绕岩石材料的动态本构模型问题开展持续研究,衷心希望读者批评指正。

著 者

2022 年 11 月

目 录

第1章 绪 论 ·· (1)
  1.1 引 言 ··· (1)
  1.2 研究现状 ·· (3)
    1.2.1 强度模型 ·· (3)
    1.2.2 变形模型 ·· (5)

第2章 地震荷载的简化形式以及岩石材料的动态力学性质 ················· (7)
  2.1 地震荷载的简化形式 ··· (7)
    2.1.1 循环荷载 ·· (7)
    2.1.2 动态荷载 ··· (16)
  2.2 岩石材料的动态力学性质 ·· (17)
    2.2.1 动态荷载下岩石材料的动力特性 ······································ (17)
    2.2.2 循环荷载下岩石材料的力学特性 ······································ (32)
    2.2.3 动态循环荷载下岩石材料的动力特性 ································ (34)

第3章 循环荷载下岩石材料的本构模型 ·· (35)
  3.1 次加载面理论 ··· (35)
    3.1.1 基本假设 ··· (36)
    3.1.2 次加载面模拟加卸载的全过程 ··· (36)
  3.2 循环荷载下岩石材料的本构模型 ··· (38)
    3.2.1 岩石正常屈服准则的选择 ··· (38)
    3.2.2 循环荷载下岩石材料的本构模型 ······································ (39)
    3.2.3 数值实现过程 ··· (42)
    3.2.4 试验验证 ··· (45)
  3.3 不同加载条件下岩石材料的变形数值分析 ······························· (49)
    3.3.1 不同加载波型 ··· (50)
    3.3.2 不同频率 ··· (53)
    3.3.3 不同最大加载应力 ··· (54)

  3.3.4 不同幅值 ………………………………………………………… (56)
  3.3.5 不同最大加载应力和幅值 …………………………………… (57)
 3.4 分级和多级加载下岩石材料的力学性质数值分析 ………………… (59)
  3.4.1 荷载类型 ………………………………………………………… (59)
  3.4.2 理论分析 ………………………………………………………… (62)
  3.4.3 分级循环荷载试验结果 ………………………………………… (63)
  3.4.4 多级循环荷载试验结果 ………………………………………… (65)
  3.4.5 不同荷载形式下的岩石强度特征 ……………………………… (70)

第 4 章 地震作用下岩石材料率效应与损伤效应的相互关系 ……………… (71)

 4.1 动态荷载下岩石材料率效应与损伤效应的相互关系 ……………… (71)
  4.1.1 应变能和损伤演化 ……………………………………………… (71)
  4.1.2 应变率和损伤的关系 …………………………………………… (80)
  4.1.3 一种判断应变率对岩石损伤影响的简单方法 ……………… (81)
 4.2 循环荷载下岩石材料率效应与损伤效应的相互关系 ……………… (83)
  4.2.1 应变能和损伤变量 ……………………………………………… (84)
  4.2.2 结果分析 ………………………………………………………… (85)

第 5 章 地震作用下岩石材料的动态本构模型 ……………………………… (92)

 5.1 三轴循环荷载下岩石材料考虑损伤效应的本构模型 ……………… (92)
  5.1.1 本构模型 ………………………………………………………… (93)
  5.1.2 数值实现过程 …………………………………………………… (97)
  5.1.3 模型的验证 ……………………………………………………… (98)
 5.2 地震作用下岩石材料的动态本构模型 ……………………………… (107)
  5.2.1 循环荷载下岩石材料杨氏模量的变化 ……………………… (107)
  5.2.2 动态循环荷载下杨氏模量的表达式 ………………………… (109)
  5.2.3 动态循环荷载下抗压强度的表达式 ………………………… (111)
  5.2.4 动态本构模型 …………………………………………………… (111)
  5.2.5 动态本构模型的数值实现过程 ……………………………… (112)
  5.2.6 动态本构模型的验证 ………………………………………… (114)
 5.3 真三轴动态循环荷载下岩石材料的力学性质 ……………………… (119)
  5.3.1 计算方案 ………………………………………………………… (119)
  5.3.2 结果分析 ………………………………………………………… (121)

第 6 章 结束语 ……………………………………………………………………… (130)

主要参考文献 ……………………………………………………………………… (131)

第1章 绪 论

1.1 引 言

近几十年以来,世界范围内发生的一系列大地震使众多的岩石地下工程遭受震害,导致工程结构开裂、坍塌和破坏。如1995年发生在日本的里氏7.3级阪神大地震,使100多座隧道不同程度受损,10%的山岭隧道受到严重破坏;1999年的台湾集集地震,造成地震区附近高速公路隧道、水电站地下输水隧道、铁路隧道等发生不同程度的破坏;2008年的汶川大地震,导致21条高速公路和16条国省干线公路、24座隧道不同程度受损,其中都汶高速公路73%的隧道为严重震害(Wang et al.,2009;李天斌,2009),震中附近的映秀湾、太平驿等中小型地下厂房都受到不同程度的损害(晏志勇等,2009)。可以看出,地震诱发的岩石地下工程灾害严重危害社会发展和人民群众生命财产安全,其防治工作成为保障国家安全与社会经济发展的重大需求。通过对岩石地下工程震害表现形式及具体发生条件进行研究,人们将因地震造成的岩石地下工程破坏分为两种类型,其中一种是由于围岩变位而在地下工程中产生强制变形所引起的破坏(王秀英等,2009)。如集集地震造成新天轮水电厂引水隧洞、大观一厂输水隧洞、台中地区山岭隧道衬砌混凝土开裂、部分脱落、部分环向钢筋屈曲而内弯、底板开裂和边墙变形(朱伯芳,2003;王秀英等,2009)。汶川地震造成都汶高速山岭隧道衬砌和围岩坍塌、衬砌开裂及错位、底板开裂及隆起(李天斌,2009)。由此看出,围岩失稳包括围岩的变形、差异位移等,是引起岩石地下工程震害的主要原因之一(王秀英等,2009;李廷春和殷允腾,2011)。在地震作用下,岩石地下工程的损坏与围岩特性的关系甚大(朱伯芳,2003;李天斌,2009)。对岩石地下工程地震响应来说,起主要作用的因素是围岩介质的动力特性(黄胜,2010)。因此,研究地震作用下岩石的动力学特性,建立适用的动态本构模型,为开展岩石地下工程震害数值模拟及深入系统地认识震害机理提供技术支持,成为了岩石地下工程设计中迫切需要解决的重要课题之一。

对于地震作用,其荷载形式通常表现为两个方面:一方面是随时间快速变化的动态荷载,另一方面则是覆盖多个中低频率段的循环荷载(胡聿贤,2006)。在动态荷载作用下岩石材料具有率相关性(李海波等,2004;宫凤强等,2013;Cai et al.,2007)。另外,岩石材料在循环载荷条件下的力学特性主要表现为变形特性[滞回圈和累积变形现象(朱明礼等,2009;张媛等，2011)]和强度特性[损伤效应(莫海鸿，1988；蒋宇等，2004；席道瑛等，2004；倪骁慧等，2012；金解放等，2014)]。目前关于岩石材料的动态本构模型主要分为两大类：一类是基于应变率效应和损伤效应的模型，另一类是反映滞回圈和累积变形量等力学特性的模型。第一类模型可以较好地反映岩石材料的应变率效应或损伤效应，但不能很好地模拟岩石材料在循环荷载下表现出的滞回圈及累积变形等现象，也不能很好地解释循环荷载加载上限应力低于抗压强度时，岩石材料会发生损伤破坏等现象。第二类模型在模拟岩石材料在循环荷载下的动态响应时具有很好的实用性，然而该模型不能描述加载频率的依赖性(陈运平等，2006)，对于岩石材料强度和刚度在动态荷载下率效应的强化性以及在循环荷载下损伤的弱化性，还尚未涉及。对于反映循环作用下岩石材料的力学特性，经典塑性理论显得有点粗糙(席道瑛等，2004)，如图1-1所示。到目前为止，能有效地描述地震作用下岩石材料动力学特性的动态本构模型也比较少(刘恩龙等，2013)。因此，需要借鉴或研究区别于经典塑性理论的新理论来综合反映地震作用下岩石材料的力学特性，以此来建立适用于地震作用下岩石材料的动态本构模型。

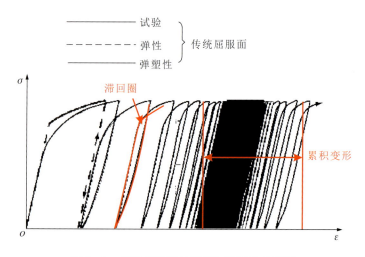

图1-1 传统屈服面与循环加载试验示意图

围岩失稳是岩石地下工程震害的主要原因之一，且围岩的动力特性是岩石地下工程地震响应的主要因素，研究岩石在地震作用下的动力学特性，建立适用的动态本构模型，是开展岩石地下工程震害数值模拟及深入系统地认识其震害机理的重要技术手段；现已发展的岩石动态本构模型虽能较好地体现岩石率效应或损伤效应，反映滞回圈和累积变形量等力学特性，但如何综合反映地震作用下岩石力学特性以及相互的耦合作用，则是亟待突破的技术难题。

1.2 研究现状

本构关系是力学中的一种基本关系，它表征着材料在复杂应力状态、复杂加载历程、多种应变率和复杂环境因素影响下各种物理参量的定量关系。近几十年来，国内外学者运用多种方法从不同层次、不同角度对岩石材料的动态本构关系开展了富有成效的研究，在多方面取得了重要进展。

岩石材料的本构模型是其强度和变形等指标的综合描述，是内部裂纹的宏观表现，因此岩石材料的动态本构模型能很好地反映岩石材料在动荷载下的力学性质。目前关于岩石材料的动态本构模型主要分为两大类：一类是基于应变率效应和损伤效应的模型，称为强度模型；另一类是反映滞回圈和累积变形量等力学特性的模型，称为变形模型。

1.2.1 强度模型

基于应变率效应和损伤效应，国内外学者提出了许多既有理论依据又有工程实用价值的岩石材料动态本构模型，主要为经验和半经验模型、力学模型、损伤模型和组合模型。

基于试验数据，结合经典的静力强度准则，考虑应变率，建立相应的动态本构关系，即经验和半经验模型，如钱七虎和戚承志（2008）提出了考虑应变率效应的莫尔-库仑准则，计算公式如下：

$$\sigma_1 = \frac{1+\sin\varphi}{1-\sin\varphi}\sigma_3 + \left[\sigma_{YS}^C + \frac{b(\dot{\varepsilon}_d/\dot{\varepsilon}_s)^n}{(\dot{\varepsilon}_d/\dot{\varepsilon}_s)^n+1}\right]e^{A\alpha} \tag{1-1}$$

式中：σ_{YS}^C 为单轴抗压强度；b、n、A 为材料参数；$\dot{\varepsilon}_d$ 为动态应变率；$\dot{\varepsilon}_s$ 为静态应变率；e 为自然常数；α 为侧压力系数，$\alpha=\dfrac{\mu}{1-\mu}$，其中 μ 为泊松比。

宫凤强等（2013）根据 SHPB 试验给出了动态莫尔-库仑准则和动态霍克-布朗准则的具体表达形式，动态莫尔-库仑准则的表达式如下：

低应变率

$$\begin{cases} c_d = \sigma_{cd}\dfrac{1-\sin\varphi}{2\cos\varphi} \\ \sigma_{3d} = \sigma_{cd} + \sigma_3\dfrac{1+\sin\varphi}{1-\sin\varphi} \end{cases} \tag{1-2}$$

高应变率

$$\begin{cases} c_d = \sigma_{cd}\dfrac{1-\sin\varphi_d}{2\cos\varphi_d} \\ \sigma_{3d} = \sigma_{cd} + \sigma_3\dfrac{1+\sin\varphi_d}{1-\sin\varphi_d} \end{cases} \tag{1-3}$$

式中：σ_{cd} 为动态单轴压缩强度；φ_d 为动态内摩擦角。

岩体动态三轴压缩强度霍克-布朗准则的表达式为：

$$\sigma_{3d} = \sigma_3 + \sigma_{cd}\sqrt{m\sigma_{cd}\sigma_3 + 1} \quad (1-4)$$

式中：m 为与岩石破碎程度有关的参数。

此外赵坚和李海波(2003)建立了低加载率范围内的动态莫尔-库仑准则和动态霍克-布朗准则。

力学模型是基于岩石的动力特性,通过基本力学元件,如弹性、塑性和黏性等,按照一定的组合方式而实现的,分为黏弹性模型和黏塑性模型,过应力模型则是黏弹性模型的典型代表(Lindholm et al.,1974),即：

$$\sigma = \sigma_s(\varepsilon) + \sigma_d(\varepsilon,\dot{\varepsilon}) \quad (1-5)$$

式中：σ_s 为准静态应力,σ_d 为过应力。ZWT 模型(唐志平等,1981)正是过应力模型的印证：

$$\sigma = E\varepsilon + \alpha\varepsilon^2 + \beta\varepsilon^3 + E_1\int_0^t \dot{\varepsilon}\exp\left(-\frac{t-\tau}{\theta_1}\right)d\tau + E_2\int_0^t \dot{\varepsilon}\exp\left(-\frac{t-\tau}{\theta_2}\right)d\tau \quad (1-6)$$

式中：E 为弹性模量；α、β 为材料弹性系数；t 为时间；θ_1 和 θ_2 为松弛时间。

此外,谢理想等(2013)、单仁亮等(2003)也建立了相应的黏弹性模型。黏塑性模型是将应变率分为弹性应变率 $\dot{\varepsilon}^e$ 和黏塑性应变率 $\dot{\varepsilon}^{vp}$,即：

$$\dot{\sigma} = \boldsymbol{D}^{el}\dot{\varepsilon}^e = \boldsymbol{D}^{el}(\dot{\varepsilon} - \dot{\varepsilon}^{vp}) \quad (1-7)$$

式中：$\boldsymbol{D}^{el}$ 是弹性矩阵,对于黏塑性应变率 $\dot{\varepsilon}^{vp}$ 的求解方法,可以分为 Perzyna 黏塑性模型(Perzyna,1966)、Duvaut-Lions 黏塑性模型(Duvaut and Lions,1972)和一致性黏塑性模型(Wang,1997)。

损伤模型一般基于应变等效假设来衡量损伤变量 D 的程度,损伤变量是随时间和外在条件的变化而变化的,此过程称为损伤演化过程。损伤模型建立的关键是确定损伤演化过程,根据损伤的尺度和方法的不同,损伤演化过程可以分为唯象学法和统计学法。

基于唯象学法的损伤模型以连续损伤力学为基础,采用一个标量、矢量或张量来定义岩石的损伤变量,并在损伤变量的基础上建立其宏观本构模型(Wang et al.,2007),如胡时胜和王道荣(2002)认为冲击荷载下混凝土材料的损伤变量为：

$$D = K\varepsilon^a\left(\frac{\dot{\varepsilon}}{\dot{\varepsilon}_0}\right)^b \quad (1-8)$$

式中：K 为演化因子；a、b 为参数。

此外,王礼立(1999)、李兆霞(1995)等也给出了与应变率相关的损伤变量函数。

引用统计学理论,认为各微单元的强度符合概率分布,如李夕兵等(2006)认为岩石在一维和三维动态加载过程中损伤变量符合 Weibull 分布,即：

$$D = \begin{cases} 1 - \left[\left(\frac{\varepsilon_a}{\alpha}\right)^m + 1\right]\exp\left[-\left(\frac{\varepsilon_a}{\alpha}\right)^m\right] & (\text{一维 } \varepsilon_a \geq 0) \\ 1 - \exp\left[-\left(\frac{\varepsilon_a}{\alpha}\right)^m\right] & (\text{三维 } \varepsilon_a \geq 0) \end{cases} \quad (1-9)$$

式中：α、m 为材料参数；ε_a 为轴向应变。

对于混凝土材料,还有 TCK 模型、NAG 模型、J-H 模型、K-G 损伤模型、KUS 模型等基于统计学的损伤模型(戴俊,2014)。

组合模型是将上述几种方法组合,并综合运用相关理论以更好地表征岩石的力学特性。如单仁亮等(2003)将损伤模型和黏弹性模型组合来反映花岗岩和大理岩的冲击破坏时效,计算公式如下:

$$\sigma = E\varepsilon \exp\left(-\frac{\varepsilon^m}{\alpha}\right) + \eta\dot{\varepsilon} \tag{1-10}$$

式中:α、m 和 η 为材料参数。

李夕兵等(2006)也将损伤模型和黏弹性模型组合,建立了中应变率下岩石动静组合加载本构模型。王道荣(2002)则将塑性模型和损伤模型组合来模拟混凝土在高速侵彻的响应。此外,还有基于断裂力学以及细观力学理论而建立的滑移型裂纹模型(李海波等,2003)等。

上述模型可以较好地反映岩石材料的率效应或损伤效应,但却不能很好地模拟岩石材料在循环荷载下的滞回圈及累积变形等现象,也不能很好地体现岩石材料的应力路径性质。

1.2.2 变形模型

对于反映循环荷载下岩石材料滞回圈和累积变形量等力学特性的本构模型研究,王者超等(2012)、许宏发等(2012)、张平阳等(2015)以循环荷载试验为基础,提出了内变量疲劳本构模型。如王者超等(2012)认为在循环荷载作用下,岩石材料的弹性模量的表达式为:

$$E = A\left[\frac{\sigma_{1p} - \sigma_3 - (\sigma_{1p} + 2\sigma_3)\tan\beta/3}{1 - \tan\beta/3}\right]^n \varepsilon_{1r}^m \tag{1-11}$$

式中:A、n、m 均为模型参数;σ_{1p} 为峰值轴向应力;σ_3 为围压;β 为与内摩擦角相关的参数;ε_{1r} 为轴向残余应变。

该模型可以较好地反映循环荷载作用下岩石材料的变形模量和塑性应变的变化规律,然而却需要对每个滞回圈的加载和卸载段分别进行考虑,较难完整地描述岩石材料的应力-应变关系,也不能很好反映滞回圈现象,在数值方面也不易实现。

学者们在描述滞回圈的本构模型方面开展了以下研究,如刘恩龙等(2013)根据岩土破损力学理论,针对岩石材料引入了一个考虑循环荷载作用的二元介质本构模型:

$$\begin{aligned}\sigma_{ij} &= (1-\lambda)\sigma_{ij}^B + \lambda\sigma_{ij}^F \\ \varepsilon_{ij} &= (1-\lambda)\varepsilon_{ij}^B + \lambda\varepsilon_{ij}^F\end{aligned} \tag{1-12}$$

式中:λ 为摩擦元所占的体积率,表示破损参数;B、F 分别为胶结元和摩擦元。

莫海鸿(1988)基于不可逆热力学及内变量理论,提出了描述岩石材料在循环加载条件下应力-应变关系的内时模型:

$$\begin{aligned}\mathrm{d}s_{ij} &= 2G\mathrm{d}e_{ij} - s_{ij}\mathrm{d}z \\ \mathrm{d}\sigma_{kk} &= 3K\mathrm{d}\varepsilon_{kk} + A\sigma_{kk}\mathrm{d}z\end{aligned} \tag{1-13}$$

式中:s_{ij}、e_{ij} 分别为应力和应变偏量;σ_{kk}、ε_{kk} 分别为体积应力和应变;z 为内时标度;G、K 分别

为剪切模量和体积模量；A 为材料参数。

Cerfontaine 等(2017)基于边界面理论,提出了一种反映岩石材料在循环荷载下力学特性的本构模型,其屈服面的表达式为：

$$f^y = \left[q - \left(p + \frac{c}{\tan\varphi}\right)\alpha\right]^2 - \left[p + \frac{c}{\tan\varphi}\right]^2 (M^y)^2 \qquad (1-14)$$

式中：α 为背应力；p、q 分别为平均应力和剪应力；c、φ 分别为黏聚力和内摩擦角；M^y 为弹性范围。

陈运平等(2006)引入一种滞后非线性弹性材料的宏观模型——Preisach - Mayergoyz 模型(PM 模型),该模型可以在一定程度上反映岩石材料在循环载荷下的不同性质。此外,还有热激活弛豫波动理论(易良坤等,2003)等。

上述模型模拟岩石材料在循环荷载下动态响应具有很好的实用性,然而模型参数较多,参数的确定存在较大难度,物理意义也不是很明确(张平阳等,2015),且不能描述加载频率的依赖性(陈运平等,2006)。此外,对于岩石材料强度和刚度在动态荷载下率效应的强化性以及在循环作用下损伤的弱化性,上述模型也没有很好的体现。

上述内容已说明岩石材料在循环作用下的变形特性与加载应力是否超过抗压强度无关,同时具有与应力路径相关的特征,而经典塑性理论屈服面的假设只能描述应力达到屈服状态的显著塑性变形,不能用来描述应力在屈服面内变化而产生的塑性变形,表明它不能很好地反映岩石材料的循环加卸载特性。因此,需要区别于经典塑性理论的新理论来反映岩石材料在循环荷载下的力学变形,而次加载面理论中,应力点一直都在与常规屈服面保持几何相似的次加载面上的假设,说明了该理论能较好地反映岩石材料在承受加载应力低于抗压强度时就能产生塑性变形的这一现象,而且次加载面理论对于描述材料在循环荷载下的滞回圈和累积变形具有很好的优势,同时满足循环塑性模型的连续性和光滑性等力学特性(Hashiguchi et al.,2005;Tsutsumi and Hashiguchi,2005),已经在土体(孔亮等,2003;徐舜华等,2010)、混凝土(马晓丽,2012)以及软岩中(Fu et al.,2012)得到了应用,并取得了很好的结果。因此,将次加载面理论应用到描述岩石材料在循环加载条件下的力学性质是合理的选择,然而对于动态荷载下的率效应和循环荷载下的损伤效应以及两者的耦合作用,次加载面理论还没有很好的体现,需深入研究该理论,在其基础上建立能综合反映地震作用下岩石材料力学特性的动态本构模型。

综上所述,地震作用下岩石材料的动态本构关系既是岩石地下工程抗震的工程需求,又是岩石动力学的学科要求。国内外学者围绕动态荷载和循环荷载下岩石材料的力学特性与动态本构模型开展了多方面的研究,取得了卓有成效的成果,在次加载面理论的应用等方面也取得了长足的发展,使得研究地震作用下岩石材料动态本构关系成为可能。如何针对地震作用的特点,进一步结合和改进次加载面理论,在率效应、损伤演化以及两者耦合等方面开展深入研究,是建立地震作用下岩石材料动态本构关系需要突破的方向。

第 2 章　地震荷载的简化形式以及岩石材料的动态力学性质

地震动是由震源释放出来的地震波引起的地表附近岩土层的振动,是引起震害的外因。区别于常见的以力的形式出现的荷载,地震动是以运动的方式呈现,且是迅速变化、大小不一的振动荷载,即低周、高幅循环荷载,根据幅值和频率随时间变化的规律来看,地震荷载又可称为随机循环荷载。此外,地震荷载因大小随时间迅速变化,一般又被看成动态荷载,然而目前却没有对地震荷载的作用形式给出一个具体的定义。因此,本章主要基于地震荷载的特点,给出了地震荷载的简化形式,并在此基础上研究岩石材料在动态荷载、循环荷载甚至地震荷载下的动态力学性质。

2.1　地震荷载的简化形式

对于地震作用,其荷载形式通常表现为两种:一种是随时间快速变化的动态荷载,另一种则是覆盖多个中低频率段的循环荷载(胡聿贤,2006)。

2.1.1　循环荷载

对于随机、变幅荷载的最简单处理方法是将其转化为等幅荷载或多级等幅荷载,同理,对于地震荷载,处理的常用方法是将其简化成等幅循环荷载或多级等幅循环荷载。由于地震荷载比较复杂,同时限于试验仪器,研究时常常将它简化成常幅循环荷载,然而却没有解释如何将地震荷载转换成常幅循环荷载,即常幅循环荷载的周数、频率、振幅与地震荷载的关系是什么样的,常幅循环荷载下岩石的力学性质是否与地震荷载下的力学性质一致或者相似,如果不一致或不相似,甚至相差较大时,在运用该力学参数对具体岩体工程进行地震荷载下的动力响应研究时得出的结果及规律就没有可靠性,因此本节主要研究地震荷载转换成等幅循环荷载的可能性和可行性。

2.1.1.1　土动力学中等效循环荷载的确定

在大坝、地基的抗震液化分析以及土体的动力特性参数测试中,常常将一个随机的地震荷载转化为等效的循环谐振荷载(沈珠江等,1984;刘汉龙等,2003)。在土动力学中,等效循环荷载一般指等效的谐振荷载,如正弦荷载,等效的意思是指它们具有相同的破坏效果,即这个等效的循环荷载和随机地震荷载对土试样的破坏程度相同。等效循环荷载需要3个参数来描述,即幅值、频率、循环次数,循环次数的确定是荷载等效过程中的难点。许多学者对等效循环次数计算展开过研究。Seed等(1975)根据线性累积损伤原理,计算评估土体液化势的等效循环周数;何广讷(1994)在研究随机波浪荷载作用下海底地基液化时,提出了计算等效荷载的统一谐振公式;Liu等(2001)对150次地震的1664条地震记录的研究表明,等效循环次数与震级、震中距、场地条件等密切相关;袁晓铭等(2004)对等效循环次数相关问题展开过研究,并取得了有价值的成果;陈青生等(2010,2015)提出多维地震荷载的等效循环次数计算方法。迄今为止,土动力学中等效循环荷载次数确定的研究方法主要有:①以线性累积损伤原理为基础,Seed等(1975)得出了地震作用下相同破坏程度的等效谐振荷载的循环次数,本书称为线性累积损伤法;②Green和Terri(2005)采用非线性累积损伤,结合土的动力特征曲线,使土体受地震荷载作用所吸收的能量与等幅循环荷载作用下吸收的能量相等来得出等效循环荷载次数,本书称为非线性累积损伤法;③根据大量地震记录结合振动台试验结果,得出等效循环次数与震级的关系,本书称为统计法。下面分别介绍线性累积损伤法、非线性累积损伤法和统计法。

1. 线性累积损伤法

Seed等(1975)应用线性累积损伤原理推导出了变幅荷载下试样破坏等效循环次数的计算公式:

$$\frac{n_{eq}}{N} = \sum \frac{n_i}{N_i} \qquad (2-1)$$

式中:n_{eq}为等效循环次数;N为参考应力幅值对应的破坏振次;n_i为实际振动中应力幅值所对应的振次;N_i为应力幅值对应的破坏振次。

线性累积损伤法的具体步骤为:① 地震加速度时程曲线归一,用加速度除以峰值加速度;② 将归一的加速度分级,假设分为m级,统计每级加速度出现的次数m_i;③ 根据砂土液化的循环应力比曲线,查出每级加速度所对应的权重N/N_i,则等效循环次数即为$n_{eq} = \sum_i N/N_i m_i$。

2. 非线性累积损伤法

Green和Terri(2005)提出了非线性累积损伤法,即使土体受地震荷载作用所吸收的能量与等幅循环荷载作用下吸收的能量相等来得出等效循环荷载次数,计算公式为:

$$n_{eq} = \frac{\sum_i \omega_i}{\omega} \qquad (2-2)$$

式中:$\sum_i \omega_i$为地震荷载作用下土体吸收的能量,可将动应力-应变曲线数值积分求得;ω为等效荷载作用一周试样吸收的能量,可以通过骨干曲线结合Masing准则确定。由于该方法要考虑土体的动力特征曲线,因此对土体的动力本构关系要求比较高。

3. 统计法

根据大量地震记录结合振动台试验结果,取等效荷载应力幅值为地震荷载最大应力幅值的 0.65 倍,得出等效循环次数与震级的关系(图 2-1,表 2-1)。

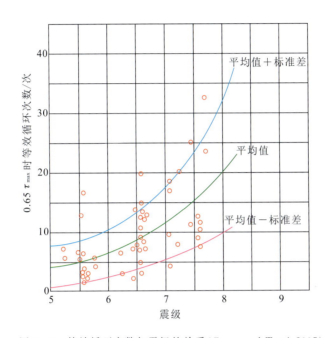

图 2-1 等效循环次数与震级的关系(Green and Terri,2005)

表 2-1 等效循环次数与震级的经验关系(Green and Terri,2005)

震级	5.5~6	6.5	7.0	7.5	8.0
等效循环次数/次	5	8	12	20	30
持续时间/s	8	14	20	40	60

2.1.1.2 地震动的傅里叶近似

由于地震动不是一般的简谐荷载,其振幅和频率都是在复杂地变化着,且是随机存在的,因此为分析在一个特定的地震动过程 $a(t)$ 作用下研究对象(比如岩石试样、结构面等)的力学性质和具体响应情况,学者们常常将地震动过程 $a(t)$ 进行简化处理,即用多个不同频率的简谐波代替地震荷载(陈运平和王思敬,2010;肖建清等,2010)。然而,这涉及一个问题,即如何进行等效化处理。傅里叶谱的基本思路是把复杂的地震动过程 $a(t)$ 分解为 N 个不同频率简谐波的组合。

傅里叶谱的基本思路为:

$$a(t) = \sum_{n=1}^{N} A(i\omega_n) e^{i\omega_n t} = \sum_{n=1}^{N} A(\omega_n) \sin\left[\omega_n t + \varphi(\omega_n)\right] \qquad (2-3)$$

式中：$A(\omega_n)$ 和 $\varphi(\omega_n)$ 分别为频率 ω_n 的傅里叶幅值谱和傅里叶相位谱，当 $N \to \infty$ 时，则为傅里叶变换。图 2-2 为地震动的傅里叶近似过程。

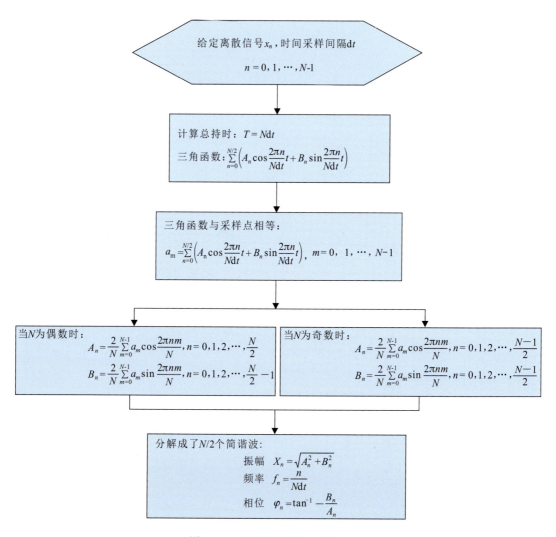

图 2-2 地震动的傅里叶近似过程

1. 算例一

图 2-3 为 0.3g 的 Kobe 波加速度时程，对其进行傅里叶变换，得到傅里叶谱（图 2-4），可知该地震波能量集中分布在 1~10Hz 这一频段内。经过筛选，可以得到 185 个简谐波，选取部分简谐波如图 2-5 所示。

第 2 章 地震荷载的简化形式以及岩石材料的动态力学性质

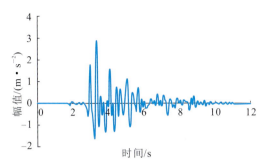

图 2-3 0.3g Kobe 波加速度时程图

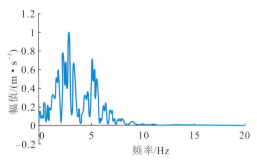

图 2-4 0.3g Kobe 波傅里叶谱

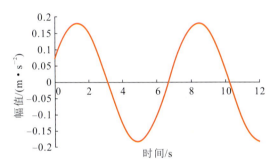

(a) 频率=0.879Hz，幅值=0.181m/s^2，相位=-1.154rad

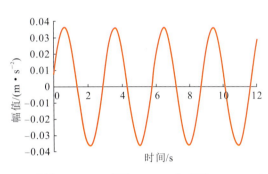

(b) 频率=2.148Hz，幅值=0.036m/s^2，相位=-1.358rad

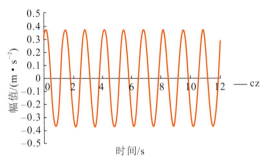

(c) 频率=3.418Hz，幅值=0.663m/s^2，相位=-0.816rad

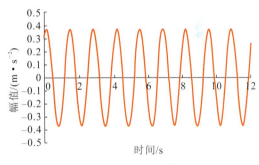

(d) 频率=4.688Hz，幅值=0.371m/s^2，相位=-0.631rad

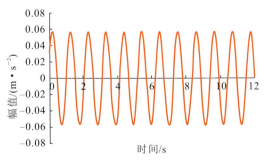

(e) 频率=5.957Hz，幅值=0.057m/s^2，相位=-1.02rad

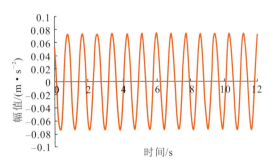

(f) 频率=7.227Hz，幅值=0.074m/s^2，相位=0.755rad

图 2-5 0.3g Kobe 波等效化多个简谐波

2. 算例二

付荣(2012)对广元市曾家站获得的东西向地震加速度进行了傅里叶近似过程,经过选取,得到了 50 个简谐波,把这些简谐波代入到式(2-3)中,并与该地震动的原始记录进行了对比,发现两者基本吻合,如图 2-6 所示。

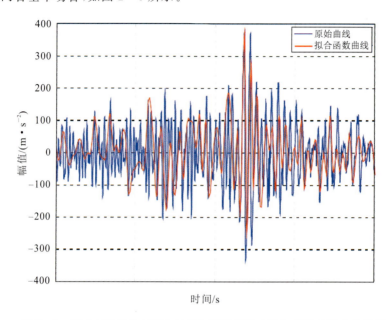

图 2-6 广元市曾家站东西向地震加速度原始曲线与傅里叶拟合曲线图

上述两个算例都说明地震动可以通过傅里叶谱近似转换成多个简谐波。

2.1.1.3 人工地震动的合成

上述内容说明了实际地震动加速度时程可以通过傅里叶谱转换成多个频率的简谐波,然而不同频率的简谐波能否组合成实际工程需要的特定地震动尚需研究,本节将围绕如何通过简单的简谐波来合成地震动进行阐述。

重大岩体工程抗震设计、地震动工程特性研究和岩体工程模型试验等,需要满足特定条件的地震动时程作为输入,这些条件与震源、距离和局部场地条件等很多变量密切相关,而现有的强震观测记录非常有限,无法满足这些条件。此外,各行业的抗震规范,例如《建筑抗震设计规范》(GB 50011—2010)、《水工建筑物抗震设计规范》(DL 5073—2000)等,都规定了要至少选择一条人工生成的地震动加速度时程来估计地震作用的输入地震动,因此需要利用人工地震动或人造地震动时间过程。人工地震动的合成方法有三角函数法、随机脉冲法和自回归法,其中三角函数法使用最为普遍,因此下面简单介绍一下三角函数法合成人工地震动。

图 2-7 为三角函数法合成非平稳人工地震动的步骤。已知待求地震动 $a(t)$ 的反应谱 $S_a(T)$、振幅非平稳性函数 $f(t)$,即可通过 N 个余弦波来合成所需的地震动时程 $a(t)$。

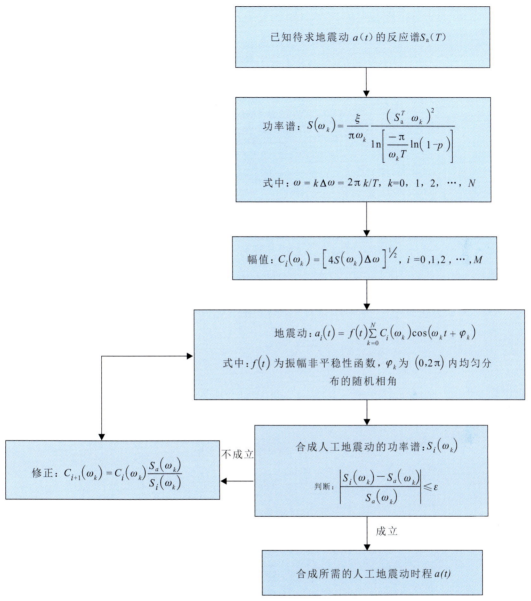

图 2-7 三角函数法合成非平稳人工地震动过程

1. 算例一:简谐波的叠加

在不考虑相位角的情况下,假设振动幅值相同,振动周期分别为 1s、2s、4s 和 5s,持时都为 20s 的 4 列简谐波,通过式(2-2)合成了一个叠加波,4 列简谐波及其叠加波的加速度时程如图 2-8 所示,图 2-9 为叠加波的傅里叶谱。由图 2-8、图 2-9 可知,叠加波表现出了振幅变化、频率不规则的性质,如同地震波。图 2-10 分别为 4 列简谐波及其叠加波的加速度化反应谱。由图 2-10 可以看出,叠加波的反应谱包含各简谐波分量;叠加波反应谱中各对应分量的峰值大小与各简谐波的反应谱峰值基本接近;叠加波的谱值不小于各简谐波分量的谱值。

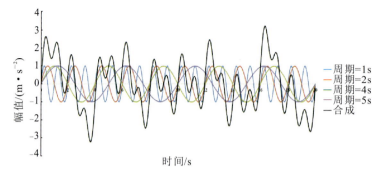

图 2-8　简谐波及其叠加波的加速度时程

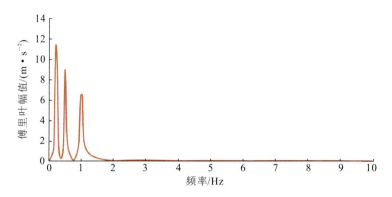

图 2-9　叠加波的傅里叶谱

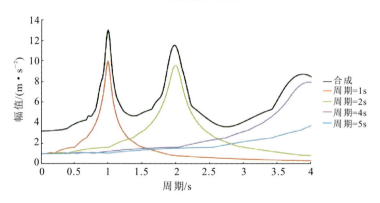

图 2-10　4 列简谐波及其叠加波的加速度化反应谱

2. 算例二:大岗山设计谱合成的人工地震波

针对大岗山水电工程大型地下洞室群的非平稳人工地震动,张玉敏(2010)根据三角函数法合成了如图 2-11 所示的人工地震波(已进行了高频滤波和基线校正)。图 2-11 说明了人工地震波的反应谱和该工程场地输入地震动的目标反应谱基本一致,因此说明了由简谐波通过三角函数法合成给定工程特性的人工地震动时程是可行的。

第 2 章　地震荷载的简化形式以及岩石材料的动态力学性质

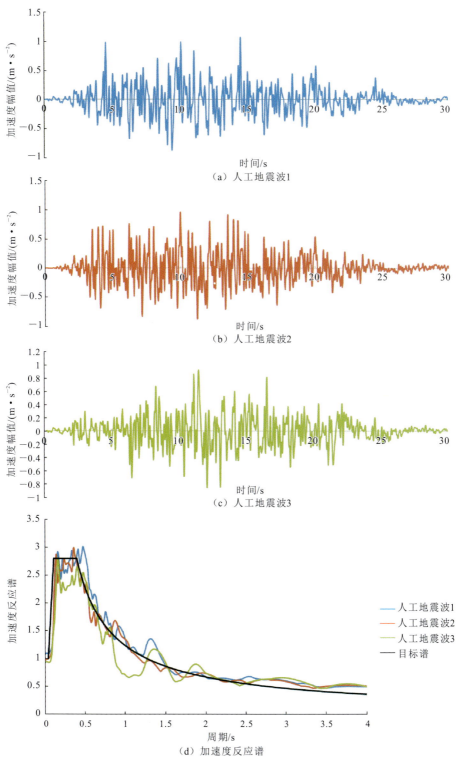

图 2-11　大岗山水电站设计谱人工地震波

2.1.2 动态荷载

地震作用也是一个随时间快速变化的动态荷载。在动态荷载作用下,岩石材料的强度具有率相关性。不同学者对地震荷载应变率的范围估计统计如表 2-2 所示,可认为与地震荷载对应的应变率范围在 $1×10^{-4}\sim1×10^{-2}\mathrm{s}^{-1}$ 之间,称为中低应变率。

表 2-2 不同学者对地震荷载应变率的范围估计统计表

对象	应变率范围/s^{-1}	文献
混凝土坝	$1×10^{-5}\sim1×10^{-1}$	陈健云等,2003
混凝土坝	$1×10^{-5}\sim1×10^{-2}$	林皋等,2003
纤维混凝土	$5×10^{-3}\sim5×10^{-1}$	Bindiganavile,2003
大岗山花岗岩	$1×10^{-6}\sim1×10^{-1}$	林皋,2010
岩石材料	$1×10^{-3}\sim1×10^{-2}$	梁昌玉等,2012
固体材料	$1×10^{-3}\sim1×10^{-1}$	孙建运和李国强,2006

如图 2-12 所示,根据加载应变率的大小将岩石试验划分为静态加载试验、准动态加载试验和动态加载试验,一般认为应变率大于 $1×10^{2}\mathrm{s}^{-1}$ 的岩石加载试验为动态加载试验,对于静态和准动态加载试验界限,梁昌玉等(2012)通过对大量岩石试验的统计,提出当应变率小于 $5×10^{-4}\mathrm{s}^{-1}$ 时为静态试验,准动态加载试验的应变率范围则在 $5×10^{-4}\sim1×10^{2}\mathrm{s}^{-1}$ 之

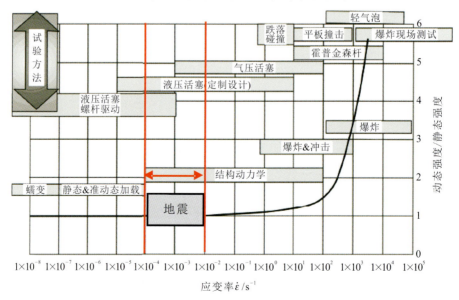

图 2-12 岩石材料的动态问题和试验方法的分类(Cai et al.,2007)

间。地震作用形式动态荷载对应的应变率范围在 $1×10^{-4}\sim1×10^{-2}\mathrm{s}^{-1}$ 之间,因此地震扰动将岩石材料置于准动态加载的动力环境中。该环境不同于静态加载环境,亦不同于爆炸波、冲击波等形成的具有高应变率特点的动态加载环境(卢志堂和王志亮,2016;李少华等,2017),因为不同加载环境下的力学和强度参数存在较大的差异。

地震作用在一次循环内也具有加载速率较大的特点,其荷载形式表现并不仅是动态荷载或循环荷载,而是这两者的综合(闫东明等,2005)。因此,基于上述的分析,可以把地震作用简化为中低应变率动态循环荷载。

2.2 岩石材料的动态力学性质

2.2.1 动态荷载下岩石材料的动力特性

在动态荷载作用下,岩石材料的屈服强度和模量会随着应变率或者加载速率的增加呈现增长规律,这种规律称为率效应,如图 2-12 所示。目前的解释主要是:在动态载荷下,外力功主要用于克服岩石内部微结构变形的弹性功、材料内部的黏性功以及岩石颗粒运动引起的惯性功。在低应变速率下,黏性功和惯性功比较小,外力功主要用于克服弹性功,从而导致较低的强度;在高应变速率下,黏性功和惯性功增大,需要更大的外力功使得材料发生破坏,因此导致岩石强度的提高(Grady and Kipp,1980)。

为了研究岩石工程在地震作用下的响应,抗震设计规定计算时往往将地震作用下岩石材料的强度和弹性模量等动态参数较静态力学参数提高几个百分点,这显然没有考虑应变率的影响,与实际现象不符(Grady and Kipp,1980)。为了能定量地描述岩石材料率效应的规律,在获得岩石材料率效应的试验数据后,通常采用动态增强因子 DIF 来描述率效应,其表达式为:

$$\mathrm{DIF}=\frac{f_{\mathrm{cd}}}{f_{\mathrm{c}}} \qquad(2-4)$$

式中:f_{cd}、f_{c} 分别为动态强度和模量或者最小量级静态应变率下的强度和模量。

基于此,研究人员提出了众多动态增强因子模型来表达不同应变率下率效应的规律。宫凤强等(2013)认为在围压为0或围压一定的情况下,应变率低于 $1×10^{-2}\mathrm{s}^{-1}$ 时,抗压强度的增加与应变率的量级呈正比;在应变率高于 $1×10^{2}\mathrm{s}^{-1}$ 时,岩石的抗压强度增加趋势与应变率的 1/3 次方呈正比,拉伸强度也存在类似规律。苏承东等(2013)对细晶大理岩试样应变率在 $2×10^{-5}\sim5×10^{-3}\mathrm{s}^{-1}$ 范围内进行了单轴压缩试验,发现大理岩的峰值强度与应变率呈正相关,可采用二次多项式进行描述,这与刘俊新等(2017)的结论相同。梁昌玉等(2012)通过统计学理论与方法,发现加载应变率小于 $5×10^{-4}\mathrm{s}^{-1}$ 时,岩石强度与应变率无相关性;

应变率在 $5\times10^{-4}\sim1\times10^2\mathrm{s}^{-1}$ 范围时,DIF 与应变率为幂函数关系,岩石强度与应变率表现出较强或显著相关的特性。在高应变率荷载下,如冲击、爆破等,卢志堂和王志亮(2016)通过试验发现在围压一定的情况下,岩石的动态抗压强度和峰值应变随应变率的增大而增大,其中抗压强度随应变率呈对数增长。李晓峰等(2017)则认为岩石材料的动态屈服强度具有明显的率相关性,但弹性模量没有随应变率的增加而显著增加;在高应变率下,材料的动强度因子与应变率更符合指数函数。在目前大多数动态增强因子模型中,通常在静态—准静态范围内采用一种模型形式,在动态范围内采用另外一种模型形式,即存在模型不统一的情况(宫凤强等,2018)。宫凤强等(2018)提出了一种基于率效应的动态增强因子统一模型,并利用该模型系统考察了应变率和加载率对压缩强度、切线弹性模量的影响。戚承志和钱七虎(2003)通过研究提出了联合热活化与黏性机制相互竞争的材料强度-应变率依赖模型,认为在不同的应变率区段,不同的机制起主导作用。

基于前人工作,本书统计了岩石材料在单轴压缩、三轴压缩和 SHPB 试验中不同应变率下强度与模量的动态增强因子模型,如表 2-3 所示。可以发现,即使对于同一种岩石在相同应变率范围,研究人员也提出了多种不同的动态增强因子模型,从而导致很难形成一种适用于某一种岩石统一的动态增强因子模型。此外,受加载方式、加载速率、岩石类型等影响,岩石动力参数与应变率的关系存在较大的离散性,岩石材料所对应的动态增强因子模型是不同的,尚未形成统一的公式(孙建运和李国强,2006)。因此,本书统计了不同岩石材料强度和模量与应变率之间关系的大量试验数据,总结了描述岩石材料强度和模量在不同应变率下的动态增强因子模型的基本类型,从标准差、拟合优度、试验规律和平滑度等方面综合评价了不同岩石材料强度与模量的不同动态增强因子模型的适用性,确定了最适用于不同岩石材料的强度和模量在不同应变率下统一的动态增强因子模型。

2.2.1.1 不同岩石材料强度和模量的动态增强因子模型

根据 Logan 和 Handin(1970)、杜金声(1979)、吴绵拔和刘远惠(1980)的成果,暂把中低应变率范围简单定义为 $\dot{\varepsilon}\leqslant1\mathrm{s}^{-1}$,中高应变率范围定义为 $\dot{\varepsilon}>1\mathrm{s}^{-1}$。从表 2-3 可以看出,适合岩石材料在中低应变率下的动态增强因子模型大致有 5 种,分别为:

$$\mathrm{DIF}=a\dot{\varepsilon}^b \tag{2-5}$$

$$\mathrm{DIF}=a\lg\dot{\varepsilon}+b \tag{2-6}$$

$$\mathrm{DIF}=a\lg\left(\frac{\dot{\varepsilon}}{\dot{\varepsilon}_s}\right)+1 \tag{2-7}$$

$$\mathrm{DIF}=a\left[\lg\left(\frac{\dot{\varepsilon}}{\dot{\varepsilon}_s}\right)\right]^b+1 \tag{2-8}$$

$$\mathrm{DIF}=a+b\mathrm{arctg}(\lg\dot{\varepsilon}+c) \tag{2-9}$$

对于静态应变率 $\dot{\varepsilon}_s$ 的取值,梁昌玉等(2012)认为 $\dot{\varepsilon}>5\times10^{-4}\mathrm{s}^{-1}$ 时,岩石强度与应变率的相关性显著,《水工建筑物抗震设计规范》(DL 5073—2000)认为静态应变率 $\dot{\varepsilon}_s$ 为 $3\times$

表 2 - 3　单轴压缩、三轴压缩、SHPB试验中岩石材料强度和模量的动态增强因子模型

岩石类型	应变率范围/($\lg\dot\varepsilon$/s^{-1})	强度/动态增强因子	模量/动态增强因子	岩石类型	应变率范围/($\lg\dot\varepsilon$/s^{-1})	强度/动态增强因子	模量/动态增强因子
红砂岩(李永盛,1995)	[-6,-2]	$f_{cd}=a+b\arctan(\lg\dot\varepsilon+c)$	—	砂岩(张岩等,2015;邓勇等,2016)	[0,3],[1,2]	$f_{cd}=a\dot\varepsilon^b$	—
砂岩(宫凤强等,2013),花岗岩(宫凤强等,2016)	[-5,-1],[-4,0]	$f_{cd}=a\lg\left(\dfrac{\dot\varepsilon}{\dot\varepsilon_s}\right)+f_c$	—	砂岩,花岗岩(韩东波等,2014)	[1,2]	$f_{cd}=a\dot\varepsilon^4+b\dot\varepsilon^3+c\dot\varepsilon^2+d\dot\varepsilon+e$	—
页岩(刘俊新等,2017),大理岩(苏承东等,2013)	[-6,-1],[-5,-3]	$f_{3d}=a(\lg\dot\varepsilon)^2+b(\lg\dot\varepsilon)+c$	—	石灰岩(卢玉斌,2014)	[1,3]	$\dfrac{f_{cd}}{f_c}=a(\lg\dot\varepsilon)^3+b(\lg\dot\varepsilon)^2+c(\lg\dot\varepsilon)+d$	—
红砂岩(孟庆彬等,2016),花岗岩(钟靖涛等,2018)	[-4,0]	$f_{cd}=a\lg\dot\varepsilon+b$	$E_d=a\lg\dot\varepsilon+b$	花岗岩(吴帅峰等,2016)	[1,2]	$\dfrac{f_{cd}}{f_c}=a\ln\dot\varepsilon+b$	—
花岗岩(王志亮和卢志堂,2014)	[-4,0]	$f_{cd}=a\left[\lg\left(\dfrac{\dot\varepsilon}{\dot\varepsilon_s}\right)\right]^b+f_c$	—	砂岩(吕晓聪等,2009)	[1,2]	$f_{cd}=a\dot\varepsilon^b+c$	—
硬岩(梁昌玉等,2012)	>-4	$\dfrac{f_{cd}}{f_c}=a\dot\varepsilon^b$	—	花岗岩(卢志堂和王志亮,2016)	[1,2]	$f_{cd}=a\ln\dot\varepsilon+b$	—

续表 2-3

岩石类型	应变率范围/(lg/s⁻¹)	强度/动态增强因子	模量/动态增强因子	岩石类型	应变率范围/(lg/s⁻¹)	强度/动态增强因子	模量/动态增强因子
角闪岩(刘军忠等,2012)、片岩和砂岩(刘石等,2011)、花岗岩(Masuda et al.,1987)	[0,2]	$\dfrac{f_{cd}}{f_c} = a\lg\dot{\varepsilon} + b$	—	大理岩(Liu,1980)	—	$\dfrac{f_{cd}}{f_c} = ae^{b\dot{\varepsilon}}$	—
花岗岩(洪亮等,2008)、砂岩和石灰岩(王斌等,2010;朱晶晶等,2012;张号等,2018)、硬岩(梁昌玉等,2012)	[0,3], >—4, [1,2]	$f_{cd} = a\dot{\varepsilon}^b$	—	花岗岩(宫凤强等,2018)	全范围	$\dfrac{f_{cd}}{f_c} = \left[\dfrac{a}{a - \lg\left(\dfrac{\dot{\varepsilon}}{\dot{\varepsilon}_s}\right)}\right]^{\frac{\lg\left(\dfrac{\dot{\varepsilon}}{\dot{\varepsilon}_s}\right)}{1-b}}$	—
花岗岩(李刚等,2007)	[0,3]	$\dfrac{f_{cd}}{f_c} = \left(\dfrac{\dot{\varepsilon}}{a}\right)^b + 1$	$E_d = a\dot{\varepsilon} + b$	盐岩(戚承志和钱七虎,2003;李二兵等,2015)	全范围	$\dfrac{f_{cd}}{f_c} = a + bT\ln\left(\dfrac{\dot{\varepsilon}}{\dot{\varepsilon}_s}\right) + \dfrac{c\left(\dfrac{\dot{\varepsilon}}{\dot{\varepsilon}_s}\right)^d}{\left(\dfrac{\dot{\varepsilon}}{\dot{\varepsilon}_s}\right)^d + 1}$	与强度一致

注：f_{cd} 为三轴动态抗压强度；E_d 为动态弹性模量；T 为温度；a,b,c,d,e 均为材料的拟合参数（下同）。

10^{-5}s^{-1},而宫凤强等(2018)结合试验数据,选取 $1\times10^{-5}\text{s}^{-1}$ 作为最小量级的静态应变率。因此,综合以上成果,本书也选取 $1\times10^{-5}\text{s}^{-1}$ 作为静态应变率。对于岩石材料在中高应变率下的动态增强因子模型则有6种,分别为:

$$\text{DIF} = a\dot{\varepsilon}^4 + b\dot{\varepsilon}^3 + c\dot{\varepsilon}^2 + d\dot{\varepsilon} + e \tag{2-10}$$

$$\text{DIF} = ae^{b\dot{\varepsilon}} \tag{2-11}$$

$$\text{DIF} = a\dot{\varepsilon}^b + 1 \tag{2-12}$$

$$\text{DIF} = a\dot{\varepsilon}^{1/3} + b \tag{2-13}$$

$$\text{DIF} = a\lg\dot{\varepsilon} + b \tag{2-14}$$

$$\text{DIF} = a(\lg\dot{\varepsilon})^3 + b(\lg\dot{\varepsilon})^2 + c(\lg\dot{\varepsilon}) + d \tag{2-15}$$

式中:a、b、c、d 和 e 均为拟合参数。

对于全应变率范围下的动态增强因子模型,目前基本上都采用分段形式,即中低应变率采用一种模型,而高应变率采用另外一种形式。拟合公式的不一致性,易造成拟合数据在交界处存在突变状态,从而导致误差较大(宫凤强等,2018),因此现阶段全应变率范围下统一的动态增强因子模型大致有2种,分别为:

$$\text{DIF} = \left[\frac{a}{a - \lg\left(\frac{\dot{\varepsilon}}{\dot{\varepsilon}_s}\right)}\right]^{1-b\frac{\lg\left(\frac{\dot{\varepsilon}}{\dot{\varepsilon}_s}\right)}{a}} \tag{2-16}$$

$$\text{DIF} = a + bT\ln\left(\frac{\dot{\varepsilon}}{\dot{\varepsilon}_s}\right) + \frac{c\left(\frac{\dot{\varepsilon}}{\dot{\varepsilon}_s}\right)^d}{\left(\frac{\dot{\varepsilon}}{\dot{\varepsilon}_s}\right)^d + 1} \tag{2-17}$$

从表 2-3 中可以看出,它们有共同的动态增强因子模型(为了区别不同应变率范围下的动态增强因子模型,不同应变率范围下的相同动态增强因子模型使用不同的公式),分别为:

$$\text{DIF} = a\lg\dot{\varepsilon} + b$$

$$\text{DIF} = a\dot{\varepsilon}^b$$

因此,本书认为符合岩石材料全应变率范围下统一的动态增强因子模型共有4种。

前人对岩石材料强度研究较多,但对于模量的动态增强因子模型的研究成果却较少,本书为研究岩石材料模量在不同应变率下动态增强因子模型的适用性,基于上述强度的动态增强因子模型,同样研究了模量在中低应变率、中高应变率和全应变率范围下不同动态增强因子模型的拟合情况。此外,还对全应变范围三轴压缩下岩石材料强度的动态增强因子模型进行了分析。

2.2.1.2 不同应变率范围下岩石材料强度的试验数据统计分析

由于不同类型岩石在单轴压缩、三轴压缩和SHPB试验下的数据比较多,本书选择了研究较多且试验数据比较详细的岩石进行了分析,主要有花岗岩、砂岩、灰岩,而把数据量较少的大理岩、玄武岩、片岩、盐岩和角闪岩等岩石归为其他岩石。为定量描述不同应变率范围

地震作用下岩石材料的动态本构模型

下各种动态增强因子模型中的动态增强因子 DIF 对不同类型岩石的拟合效果,用标准差和拟合优度 R^2 来评价拟合效果的好坏,平均值则用来说明不同类型岩石率敏感性的程度,平均值越大,岩石率敏感性越强。

1. 中低应变率

表 2-4 为中低应变率下强度试验数据的统计和拟合结果。可以看出,花岗岩比其他所有岩石的率敏感性都强。对于同一种类型岩石,不同动态增强因子模型拟合效果基本上一致,即标准差数值差别比较小,基本在 0.01 之内,拟合优度的差别在 0.04 之内(除砂岩之外),说明从标准差和拟合优度等方面来看,中低应变率下的动态增强因子模型基本上都可以描述不同类型岩石强度的率效应。对于不同类型的岩石,同一种动态增强因子模型的拟合效果存在较大的区别,如对于动态增强因子模型(2-5)[书中公式均表示动态增强因子模型,例如书中动态增强模型(2-5)指的是式(2-5)],花岗岩的标准差小于 0.1,拟合优度为 0.788,而砂岩的标准差大于 0.2,拟合优度小于 0.3,灰岩与其他岩石也与花岗岩和砂岩的标准差、拟合优度不一样,其他动态增强因子模型也存在类似的情况,说明从标准差和拟合优度等方面来看,动态增强因子模型对不同类型的岩石存在不同的率敏感性。

表 2-4 中低应变率下强度试验数据的统计和拟合结果

岩石类型	案例数量/个	动态增强因子模型	动态增强因子			动态增强因子模型的系数		
			平均值	标准差	拟合优度 R^2	a	b	c
花岗岩	30	(2-5)	1.284	0.099 0	0.788	1.645 0	0.042 0	—
		(2-6)		0.101 0	0.781	0.122 0	1.610 0	
		(2-7)		0.101 0	0.781	0.122 0	—	
		(2-8)		0.097 2	0.796	0.103 0	1.132 0	
		(2-9)		0.104 0	0.766	1.288 0	0.242 0	2.555
砂岩	41	(2-5)	1.131	0.214 0	0.295	1.507 0	0.035 4	—
		(2-6)		0.218 0	0.274	0.088 0	1.450 0	
		(2-7)		0.216 0	0.288	0.093 2		
		(2-8)		0.208 0	0.347	0.020 3	2.207 0	
		(2-9)		0.191 0	0.441	540.409 0	539.321 0	—3.618
灰岩	25	(2-5)	1.120	0.122 0	0.446	1.316 0	0.025 7	—
		(2-6)		0.123 0	0.436	0.065 2	1.303 0	
		(2-7)		0.124 0	0.445	0.058 5		
		(2-8)		0.120 0	0.466	0.025 0	1.637 0	
		(2-9)		0.122 0	0.452	1.185 0	0.157 0	1.601

续表 2-4

岩石类型	案例数量/个	动态增强因子模型	动态增强因子			动态增强因子模型的系数		
			平均值	标准差	拟合优度 R^2	a	b	c
其他岩石	55	(2-5)	1.062	0.085 0	0.222	1.179 0	0.013 1	—
		(2-6)		0.085 1	0.221	0.032 2	1.175 0	—
		(2-7)		0.085 0	0.224	0.037 4	—	—
		(2-8)		0.085 0	0.224	0.042 2	0.887 0	—
		(2-9)		0.085 1	0.220	1.073 0	0.063 7	3.221
所有类型岩石	151	(2-5)	1.135	0.161 0	0.370	1.413 0	0.030 2	—
		(2-6)		0.162 0	0.359	0.077 8	1.387 0	—
		(2-7)		0.159 0	0.383	0.077 8	—	—
		(2-8)		0.161 0	0.371	0.047 0	1.410 0	—
		(2-9)		0.165 0	0.337	1.248 0	0.193 0	1.716

图 2-13 为不同岩石强度在中低应变率下的试验数据以及不同动态增强因子模型的拟合情况。可以看出，对于同一种类型岩石，动态增强因子模型(2-5)(2-6)和(2-7)之间差别很小，动态增强因子模型(2-8)和(2-9)则与其他动态增强因子模型存在明显的区别，尤其是砂岩和灰岩，因为动态增强因子模型(2-5)(2-6)和(2-7)表示岩石的强度与应变率的对数成线性增长的关系，而动态增强因子模型(2-8)则表示岩石的强度与应变率对数的幂成线性增长的关系，如果幂 b 与 1 相差较小，则动态增强因子模型(2-8)与其他动态增强因子模型基本一致，如花岗岩；如果幂 b 与 1 相差较大，如砂岩和灰岩，则动态增强因子模型(2-8)与其他动态增强因子模型差别较大。动态增强因子模型(2-9)则表示岩石的强度与应变率对数成反正切的关系，在较低应变率下，如对于花岗岩，应变率小于 $1\times10^{-4}\mathrm{s}^{-1}$ 时，对于砂岩，应变率小于 $1\times10^{-1}\mathrm{s}^{-1}$ 时，岩石的强度基本不变，之后则加速增长，而达到某一个应变率时，如对于花岗岩，应变率大于 $1\times10^{-1}\mathrm{s}^{-1}$ 时，对于其他岩石，应变率大于 $1\times10^{-2}\mathrm{s}^{-1}$ 时，岩石的强度又保持不变，这与试验规律明显不符，因此动态增强因子模型(2-9)不太适合描述岩石在中低应变率下强度的率效应。从图 2-13 可以得出，动态增强因子模型(2-5)和(2-6)在应变率小于 $1\times10^{-5}\mathrm{s}^{-1}$ 时，强度因子是小于 1 的，而且应变率越小，其值与 1 相差越大，这与试验规律也不符，而动态增强因子模型(2-7)因为考虑了最小静态应变率的影响，则不会出现这种情况。因此，与实验规律相比，动态增强因子模型(2-7)和(2-8)能比较正确地描述中低应变率下岩石强度的率效应。

2. 中高应变率

表 2-5 为中高应变率下强度试验数据的统计和拟合结果。可以看出，不同类型岩石率敏感性的顺序为砂岩＞其他岩石＞花岗岩＞灰岩。与中低应变率不同，对于同一种类型岩

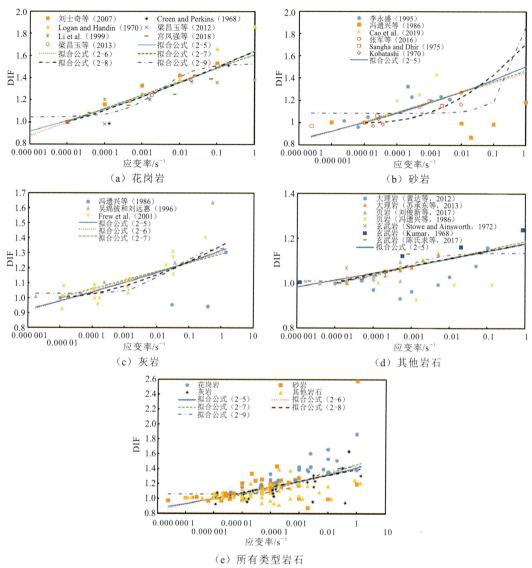

图 2-13 不同岩石强度在中低应变率下的试验数据及不同动态增强因子模型拟合情况

石,中高应变率下的不同动态增强因子模型拟合效果相差较大,如花岗岩动态增强因子模型(2-10)和(2-14)的标准差数值差大于 0.08,拟合优度的差别大于 0.23,以标准差从小到大,拟合优度从大到小的顺序对动态增强因子模型排序,结果如下:动态增强因子模型(2-10)>动态增强因子模型(2-15)>动态增强因子模型(2-11)>动态增强因子模型(2-12)>动态增强因子模型(2-13)>动态增强因子模型(2-14)。这说明从标准差和拟合优度等方面来看,动态增强因子模型(2-10)最适合描述中高应变率下的不同类型岩石强度率效应。对于不同类型的岩石,中高应变率下同一种动态增强因子模型的拟合效果也存在较大的区别,如对于动态增强因子模型(2-15),花岗岩的标准差为 0.412,拟合优度为

0.452,而其他岩石的标准差为 0.448,拟合优度则为 0.242,砂岩和灰岩的标准差与拟合优度也不一样,其他动态增强因子模型也存在类似的情况,说明从标准差和拟合优度等方面来看,中高应变率下的动态增强因子模型对不同类型的岩石同样存在不同的率敏感性。

表 2-5 中高应变率下强度试验数据的统计和拟合结果

岩石类型	案例数量/个	动态增强因子模型	动态增强因子 平均值	标准差	拟合优度 R^2	动态增强因子模型的系数 a	b	c	d	e
花岗岩	82	(2-10)	1.810	0.403	0.477	1.853×10^{-8}	9.026×10^{-6}	1.55×10^{-3}	—	3.372
		(2-11)		0.437	0.385	1.072 0	0.004 70	—	—	—
		(2-12)		0.438	0.384	0.002 1	1.269 00	—	—	—
		(2-13)		0.465	0.301	0.456 0	−0.304 00	—	—	—
		(2-14)		0.484	0.245	1.334 0	−0.835 00	—	—	—
		(2-15)		0.412	0.452	0.180 0	2.449 00	−9.564	9.596	—
砂岩	75	(2-10)	1.643	0.351	0.451	9.807×10^{-10}	—	1.7×10^{-4}	-1×10^{-2}	1.546
		(2-12)		0.365	0.408	0.018 3	0.752 00	—	—	—
		(2-13)		0.372	0.385	0.323 0	0.119 00	—	—	—
		(2-14)		0.384	0.345	1.170 0	−0.699 00	—	—	—
		(2-15)		0.355	0.439	−1.739 0	11.845 00	−25.107	18.320	—
灰岩	14	(2-10)	2.032	0.136	0.868	—	1.282×10^{-7}	2.292×10^{-6}	4.57×10^{-2}	1.322
		(2-11)		0.138	0.865	1.347 0	0.003 28	—	—	—
		(2-12)		0.141	0.860	0.032 3	0.727 00	—	—	—
		(2-13)		0.154	0.831	0.403 0	0.095 60	—	—	—
		(2-14)		0.173	0.789	1.311 0	−0.619 00	—	—	—
		(2-15)		0.136	0.869	0.382 0	−0.578 00	−0.660	2.465	—
其他岩石	54	(2-12)	1.874	0.452	0.229	0.135 0	1.097 00	—	—	—
		(2-13)		0.453	0.227	0.168 0	0.314 00	—	—	—
		(2-14)		0.467	0.178	0.426 0	0.935 00	—	—	—
		(2-15)		0.448	0.242	−0.014 8	0.352 00	−0.676	1.747	—
所有类型岩石	224	(2-10)	1.782	0.414	0.374	1.183×10^{-10}	—	3.604×10^{-5}	0.028	1.168
		(2-12)		0.452	0.252	0.216 0	0.710 00	—	—	—
		(2-13)		0.454	0.248	0.100 0	0.427 00	—	—	—
		(2-14)		0.459	0.228	0.774 0	−0.200 00	—	—	—
		(2-15)		0.439	0.294	−0.464 0	2.721 00	−4.140	2.840	—

图 2-14 为不同岩石强度在中高应变率下的试验数据以及不同动态增强因子模型的拟合情况。可以看出,对于同一种类型岩石,动态增强因子模型(2-13)和(2-14)之间差别比较小,动态增强因子模型(2-10)和(2-15)之间差别相对比较小,动态增强因子模型(2-11)和(2-12)之间差别比较小,而从光滑程度分析,动态增强因子模型(2-10)则与其他动态增强因子模型存在明显的区别。动态增强因子模型(2-13)和(2-14)在应变率为 $1\times10 s^{-1}$ 左右时,强度因子是小于 1 的,而且应变率越小,其值与 1 相差越大,尤其针对花岗岩和所有类型的岩石,这与试验规律严重不符。动态增强因子模型(2-10)和(2-15)虽然能较好地反映中高应变率岩石的强度随应变率的变化,然而从图 2-14 可以发现,在应变率

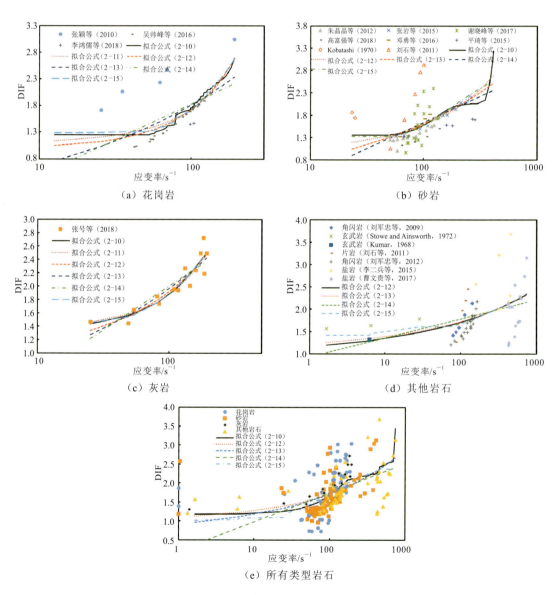

图 2-14 不同岩石强度在中高应变率下的试验数据及不同动态增强因子模型拟合情况

小于几十时,岩石的强度因子基本保持不变,这与试验规律也不太相符。因此,在描述岩石强度因子时,动态增强因子模型多项式的项数越多不一定越适合。动态增强因子模型(2-11)和(2-12)虽然在拟合优度方面没有动态增强因子模型(2-10)和(2-15)好,但是从与试验规律相比、拟合光滑度等方面来看,动态增强因子模型(2-11)和(2-12)比其他动态增强因子模型能更好地描述了中高应变率下不同岩石强度的率效应。综合标准差、拟合优度和与试验规律相比、拟合光滑度等方面,动态增强因子模型(2-11)是最适合反映中高应变率下不同岩石强度的率效应。

3. 全应变率

表2-6为全应变率下强度试验数据的统计和拟合结果。可以看出,对于同一种类型岩石,全应变率下的不同动态增强因子模型拟合效果相差也较大,如花岗岩动态增强因子模型(2-16)和(2-18)的拟合优度差别大于0.14,以标准差从小到大、拟合优度从大到小的顺序对动态增强因子模型排序可以发现,动态增强因子模型(2-18)的拟合效果是最差的,而动态增强因子模型(2-16)或(2-17)则是最好的,说明从标准差和拟合优度等方面来看,动态增强因子模型(2-18)最不适合描述全应变率下的不同类型岩石强度率效应。对于不同类型的岩石,不同动态增强因子模型的拟合效果是存在差异的,如对于动态增强因子模型(2-17),针对案例数量相近的砂岩和其他岩石,砂岩的拟合优度为0.273,而其他岩石的拟合优度则为0.631,说明从标准差和拟合优度等方面,全应变率下的动态增强因子模型对不同类型的岩石同样存在率敏感性的差异。

表2-6 全应变率下强度试验数据的统计和拟合结果

岩石类型	案例数量/个	动态增强因子模型	动态增强因子			动态增强因子模型的系数			
			平均值	标准差	拟合优度(R^2)	a	b 或 bT	c	d
花岗岩	111	(2-16)	1.665	0.432	0.396	7.2920	0.8400	—	—
		(2-17)		0.462	0.273	69.6430	1.3550	—	0.039
		(2-18)		0.470	0.250	0.122	1.575 0	—	—
		(2-19)		0.467	0.258	1.535 0	0.037 8	—	—
砂岩	116	(2-16)	1.462	0.360	0.437	7.617 0	0.870 0	—	—
		(2-17)		0.393	0.324	0.985 0	0.041 6	−0.005	−0.000
		(2-18)		0.393	0.324	0.095 8	1.461 0	—	—
		(2-19)		0.390	0.334	1.429 0	0.032 5	—	—
灰岩	39	(2-16)	1.447	0.241	0.779	7.295 0	0.855 0	—	—
		(2-17)		0.197	0.850	106.968 0	2.107 0	—	0.039
		(2-18)		0.268	0.724	0.162 0	1.621 0	—	—
		(2-19)		0.237	0.784	1.561 0	0.054 1	—	—

续表 2-6

岩石类型	案例数量/个	动态增强因子模型	动态增强因子		动态增强因子模型的系数			
			平均值	标准差	拟合优度(R^2)	a	b 或 bT	c	d
其他岩石	109	(2-16)	1.464	0.349	0.592	7.874 0	0.840 0	—	—
		(2-17)		0.333	0.631	92.241 0	1.786 0	—	0.039
		(2-18)		0.365	0.556	0.135 0	1.555 0	—	—
		(2-19)		0.353	0.585	1.494 0	0.044 5	—	—
所有类型岩石	375	(2-16)	1.524	0.402	0.420	7.878 0	0.826 0	—	—
		(2-17)		0.389	0.461	83.742 0	1.614 0	—	0.003
		(2-18)		0.406	0.412	0.122 0	1.532 0	—	—
		(2-19)		0.400	0.429	1.484 0	0.040 3	—	—
围压（盐岩、页岩、砂岩和角闪岩）	64	(2-16)	1.594	0.398	0.571	7.874 0	0.845 0	—	—
		(2-17)		0.401	0.568	110.882 0	2.235 0	—	0.041
		(2-18)		0.427	0.508	0.137 0	1.598 0	—	—
		(2-19)		0.420	0.525	1.524 0	0.043 4	—	—

图 2-15 为不同岩石强度在全应变率下的试验数据以及不同动态增强因子模型的拟合情况。可以看出,对于同一种类型岩石,动态增强因子模型(2-18)和(2-19)之间差别比较小,动态增强因子模型(2-16)在中低应变率下与动态增强因子模型(2-18)和(2-19)基本一致,但是在中高应变率下则明显与其他模型不同。由于动态增强因子模型(2-18)和(2-19)没有考虑最小静态应变率,当应变率小于 $1\times10^{-5}\ \mathrm{s}^{-1}$ 左右时,强度因子是小于 1 的,而且应变率越小,其值与 1 相差越大,这与试验规律严重不符。此外,在中高应变率下,这两种模型也没有反映出岩石强度随应变率快速增长的过程,因此动态增强因子模型(2-18)和(2-19)不适合体现全应变率下不同岩石强度的率效应。动态增强因子模型(2-17)虽然比动态增强因子模型(2-18)和(2-19)能较好地反映中高应变率岩石的强度随应变率的变化,但是在中低应变率下岩石的强度因子基本保持不变,这与试验规律也不太相符,而且对于不同围压下岩石的率效应,在中低应变率下,强度因子还出现了随应变率下降的过程,光滑度上与其他模型还存在差距。因此,动态增强因子模型(2-17)也不适合描述全应变率下不同岩石强度的率效应,而比较适合描述中高应变率下不同岩石强度的率效应。动态增强因子模型(2-16)虽然针对灰岩、其他岩石和所有岩石等方面在拟合优度方面与动态增强因子模型(2-17)存在一定的差距,但是差距比较微小,而且从与试验规律相比、拟合光滑度等

方面来看,动态增强因子模型(2-17)比其他动态增强因子模型更好地描述了全应变率下不同岩石强度的率效应。综合标准差、拟合优度和与试验规律相对比、拟合光滑度等方面,动态增强因子模型(2-16)最适合反映全应变率下不同岩石强度的率效应。

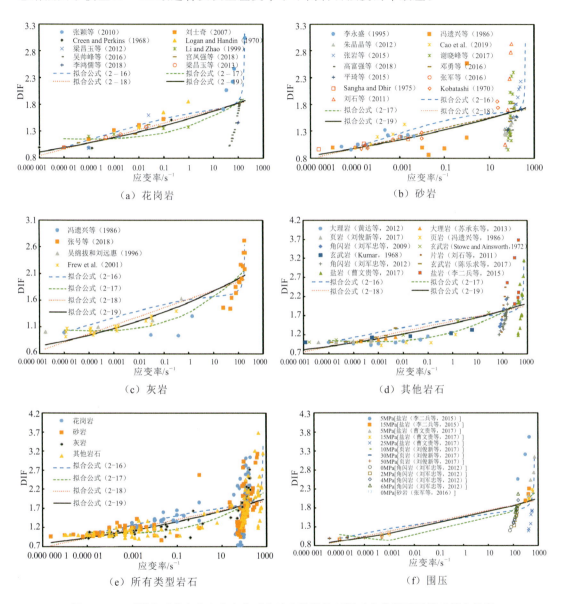

图2-15 不同岩石强度在全应变率下的试验数据及不同动态增强因子模型拟合情况

2.2.1.3 不同应变率范围下岩石材料模量的试验数据统计分析

表2-7为不同应变率下模量试验数据的统计和拟合结果。可以看出,不同应变率下的不同动态增强因子模型拟合效果是不一样的,如在中低应变率下,动态增强因子模型(2-9)

拟合优度明显优于动态增强因子模型(2-6)和(2-7),而在中高和全范围应变率下,不同动态增强因子模型的拟合优度和标准差基本一致,以标准差从小到大、拟合优度从大到小的顺序对中高应变率下动态增强因子模型排序,结果如下:模型(2-10)=模型(2-15)>模型(2-11)=模型(2-12)>模型(2-13)>模型(2-14),全应变率下动态增强因子模型排序:模型(2-17)=模型(2-19)>模型(2-18)>模型(2-16)。说明从标准差和拟合优度等方面来看,模型(2-9)、模型(2-10)和(2-15)、模型(2-17)分别最适合描述中低、中高和全应变率下的不同类型岩石模量率效应,这与岩石强度率效应的情况比较一致。

表 2-7 不同应变率下模量试验数据的统计和拟合结果

应变率	案例数量/个	动态增强因子模型	动态增强因子			动态增强因子模型的系数				
			平均值	标准差	拟合优度 R^2	a	b 或 bT	c	d	e
中低	79	(2-5)	1.135	0.210	0.297	1.528 00	0.038 00	—	—	—
		(2-6)		0.214	0.274	0.095 10	1.467 00	—	—	—
		(2-7)		0.214	0.274	0.091 60	—	—	—	—
		(2-8)		0.201	0.374	0.014 40	2.489 00	—	—	—
		(2-9)		0.195	0.395	1.644 00	0.562 00	0.503 0	—	—
中高	21	(2-10)	2.033	0.502	0.208	2.970×10^{-7}	−0.000	0.020 8	−1.422	36.740
		(2-11)		0.516	0.166	1.152 60	0.006 12	—	—	—
		(2-12)		0.515	0.166	0.005 73	1.148 00	—	—	—
		(2-13)		0.516	0.164	0.792 00	−1.525	—	—	—
		(2-14)		0.517	0.161	2.721 00	−3.285 00	—	—	—
		(2-15)		0.503	0.210	—	897.322	−1	1 155.539	—
全范围	100	(2-16)	1.324	0.330	0.568	7.140 00	0.848 00	—	—	—
		(2-17)		0.312	0.611	−0.208	0.135 00	2.488 0	−0.196	—
		(2-18)		0.328	0.571	0.149 30	1.674 00	—	—	—
		(2-19)		0.318	0.596	1.636 00	0.046 70	—	—	—

图 2-16 为不同岩石模量在不同应变率下的试验数据以及不同动态增强因子模型的拟合情况。可以看出,动态增强因子模型(2-5)(2-6)和(2-7)之间差别很小,动态增强因子

模型(2-8)和(2-9)则与其他动态增强因子模型存在明显的区别。动态增强因子模型(2-5)和(2-6)在小于 1×10^{-5} s^{-1} 应变率时,模量增强因子是小于1的,而且应变率越小,其值与1相差越大,这与试验规律也不符,而动态增强因子模型(2-7)因为考虑了最小静态应变率的影响,则不会出现这种情况。动态增强因子模型(2-9)虽可以较好地反映岩石模量随应变率变化的过程,但当应变率大于 $1s^{-1}$ 时,模量增强因子达到了2左右,这与试验规律有出入,因此动态增强因子模型(2-9)不太适合描述岩石在中低应变率下模量的率效应。如上述,动态增强因子模型(2-8)描述模量率效应的变化趋势与幂 b 的取值关系较大,对于模量率效应,b 值取为2.489,可以看出动态增强因子模型(2-8)能较好地反映模量随应变率的增长趋势,而又比动态增强因子模型(2-9)的取值要小。因此,从标准差、拟合优度和试验规律相比等方面来看,动态增强因子模型(2-8)最能正确描述中低应变率下岩石模量的率效应。对于中高应变率下模量的描述,动态增强因子模型(2-11)(2-12)(2-13)和(2-14)之间差别比较小,动态增强因子模型(2-10)和(2-15)之间差别相对比较小,但动态增强因子模型(2-10)和(2-15)与其他模型相差较大。动态增强因子模型(2-10)和(2-15)虽然在拟合优度上优于其他模型,但其描述模量的率效应明显与试验规律不太相符。综合标准差、拟合优度和与试验规律对比、拟合光滑度等方面,动态增强因子模型(2-11)和(2-12)最适合反映中高应变率下不同岩石模量的率效应。与岩石强度情况相同,对于全应变率范围,动态增强因子模型(2-18)和(2-16)基本一致,但是由于没有考虑最小静态应变

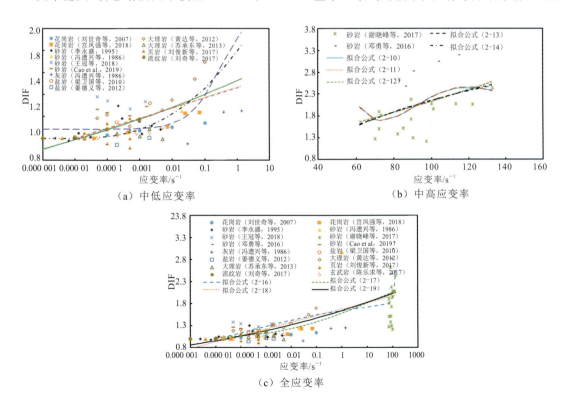

图2-16 不同岩石模量在不同应变率下的试验数据及不同动态增强因子模型拟合情况

率,以及不能反映出在中高应变率下岩石模量随应变率快速增长的过程,从而导致这两种模型不适合描述全应变率下不同岩石模量的率效应。动态增强因子模型(2-17)虽然在拟合优度上比动态增强因子模型(2-18)和(2-19)好,也考虑了最小静态应变率,但是它同样在描述中高应变率下岩石模量随应变率快速增长的过程存在一定误差。动态增强因子模型(2-16)虽然在拟合优度方面与动态增强因子模型(2-17)存在一定的差距,但是差距比较小,而且从与试验规律相比、拟合光滑度等方面来看,动态增强因子模型(2-17)比其他动态增强因子模型更好地描述全应变率下不同岩石模量的率效应。综合标准差、拟合优度和与试验规律相比等方面,动态增强因子模型(2-16)比较适合反映全应变率下不同岩石模量的率效应。

2.2.2 循环荷载下岩石材料的力学特性

对于给定的地震动,总是可以把它看成是由许多不同频率的简谐波组合而成的,说明地震作用具有循环荷载的性质,因此研究岩石材料在循环荷载作用下的动力特性,对构建地震作用下岩石材料动态本构模型具有重要的理论指导意义。

2.2.2.1 变形特征

岩石材料在反复加载、卸载条件下的力学性质与单调加载或恒定荷载下的力学性质有着本质的区别,其力学特性与加载历史(加载路径)紧密相关(马林建等,2013),因此研究岩石材料在循环荷载作用下的变形特征对工程稳定性分析至关重要。刘建锋等(2008,2010,2012)对细砂岩和粉砂质泥岩进行了低周循环荷载试验,研究了循环次数、动应力幅值和岩石密度与塑性变形、滞回圈面积、阻尼系数的变化特征,认为岩石密度越大,滞回圈间的塑性变形越小,滞回圈越紧密,面积也越小;阻尼系数随着循环荷载次数和动应力幅值的增加而增加。朱明礼等(2009)、朱珍德等(2010)对黑云母花岗岩进行了不同频率下的循环加卸载试验,研究了滞回曲线、弹性模量和阻尼比与循环频率的变化关系,频率越大,花岗岩滞回面积、弹性模量和阻尼比随之增大。席道瑛等(2006)对不同孔隙液体饱和的合肥砂岩、自贡长石砂岩和大理大理岩进行不同频率的循环加载试验,得到的结论与朱珍德等(2010)得出的结论基本一致。张媛等(2011)对砂岩进行了不同围压循环荷载作用下的三轴压缩试验,研究了围压第一滞回环演化规律的影响,结果表明随着围压增大,砂岩的滞回环面积增大。马林建等(2013)利用 TAW-2000 型微机伺服岩石三轴试验机对盐岩进行了不同围压下的循环加卸载试验,发现减小围压会加速盐岩试样不可逆变形的发展。刘恩龙等(2011)发现随着围压的增加,汶川地区的干砂岩残余轴向应变和体积应变逐渐增加,且剪胀发生时的残余体积应变也逐渐增加,与马林建等(2013)的结果有一定的出入。Tutuncu等(1998)、席道瑛等(2006)、陈运平和王思敬(2010)、肖建清等(2010)均认为岩石在循环荷载下应力与应变之间存在滞回圈,所不同的是应力相位与应变相位在加卸载阶段的前后关系,即滞回圈的形状可能为椭圆形、新月形和长茄形;随着循环次数的增加,滞回环向应变增大的方向移动,且越来越密集,说明岩石的不可逆塑性变形随动应变增加而增大,如图 2-17 所示。

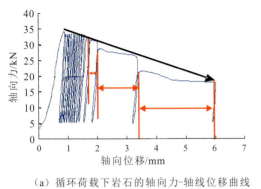
(a) 循环荷载下岩石的轴向力-轴线位移曲线

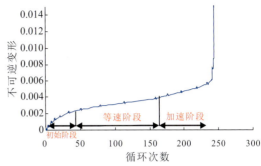
(b) 循环荷载下不可逆变形曲线

图 2-17　循环试验结果

上述研究得出的结果虽有些差异,但共同点是岩石材料在循环荷载下的变形都表现出了滞回性及变形累积性,即曼辛效应和棘轮效应,且这种特性与加载上限应力是否超过抗压强度无关,说明岩石具有与应力路径相关的性质。岩石的滞回圈和累积变形量往往受循环次数、幅值、频率等影响(Tutuncu et al.,1998;刘建锋等,2008;陈运平和王思敬,2010;肖建清等,2010),从荷载形式来看,地震作用属于低周、变幅循环荷载(宋玉普,2012),而上述成果大部分是基于高周、等幅循环荷载来进行,因此为更准确描述地震作用下岩石的变形特性,有必要研究低周、变幅循环荷载下岩石的滞回圈和累积变形量等变形特性。

2.2.2.2　损伤演化规律

如图 2-17 所示,岩石在循环荷载作用下的强度和刚度表现出劣化性,随着加载次数的增加,变形方面先经历减速,之后等速,最后加速直至破坏,表现了强烈的累积性。莫海鸿(1988)通过循环荷载试验,把岩石的变形分为初始变形、蠕变变形和疲劳损伤变形 3 个部分,指出振幅越大,岩石的损伤变形越大;席道瑛等(2004)研究分析了岩石的损伤随循环次数的增加而增大直至破坏的变化规律;金解放等(2014)、林大能和陈寿如(2005)、李树春等(2009)从宏观和细观等角度对岩石材料在循环荷载下损伤发展规律及相应的影响因素进行了研究。这些研究为认识岩石材料在循环荷载下的损伤演化规律和机理提供了宝贵的资料与研究思路。国内外描述岩石材料在循环荷载下的疲劳损伤模型主要有经验型疲劳本构模型(Sima et al.,2008)、以不可逆热力学为基础的损伤模型(Bahn and Hsu,1998)、基于累计损伤的疲劳模型(王者超等,2012;许宏发等,2012;张平阳等,2015)等,然而这些模型都是基于高周疲劳循环荷载,为突出高周与低周循环荷载对损伤影响程度的区别,李树春等(2009)建立了岩石高周和低周疲劳损伤模型两个表达式。此外,岩石的损伤程度也受循环次数、幅值、频率等影响,上述内容已表明岩石的滞回圈和累积变形等特性与加载上限应力是否超过抗压强度无关,但葛修润和卢应发(1992)认为,当加载应力水平达到某一门槛值后,循环次数增加将促使岩石不可逆变形加速增长,损伤程度也加速增长。林卓英和吴玉山(1987)通过对大理岩和红砂岩的疲劳试验研究表明,岩石的疲劳极限强度与单轴抗压强度有关;杨永杰等(2007)提出单轴循环荷载作用下煤岩的疲劳破坏门槛值不超过其中轴抗压强度的81%;李树春等(2009)通过试验发现岩石在低周疲劳破坏前,一般会存在明显的屈服现象。

2.2.3 动态循环荷载下岩石材料的动力特性

地震作用在一次循环内也具有加载速率较大的特点,其荷载形式表现并不仅是动态荷载或循环荷载,而是这两者的综合,因此可以把地震作用简化为中低应变率的循环荷载。循环荷载频率大小是影响岩土体动弹性模量和阻尼比的重要因素之一,因此研究不同加载频率循环荷载作用下岩石材料动力特性有着重要的理论意义和实用价值(薛彦伟等,2005)。Bagde 和 Petros(2005)针对砂岩的疲劳试验研究,发现砂岩的疲劳强度随加载频率的增加有增加趋势;Li 等(2001)、赵凯等(2014)认为加载频率越高,每个加载循环岩石材料内部累积的塑性变形越小,岩石材料的损伤就越小,其疲劳寿命也越长,且变形发展第二阶段的每个循环平均应变增量随加载频率的提高而降低;此外,滞回环的面积与循环频率密切相关,循环频率越小,滞回环的面积也越小(朱珍德等,2010)。上述研究说明加载频率会在一定程度上影响岩石材料在循环荷载下的力学性质,相反,循环荷载产生的损伤也会在一定程度上削弱加载频率的影响(祝文化和李元章,2006)。不同加载频率循环荷载下岩石材料的率效应与损伤效应是否存在关系,它们之间的关系如何,关于这方面的问题,本书将在第4章进行解答。

第3章 循环荷载下岩石材料的本构模型

由于地震动的不确定性和岩体地下工程的结构复杂性,在目前条件下,地震动力响应尚难以在现场观测,物理模型也受经费和场地条件等限制,因此需通过数值分析方法进行模拟,而岩石的本构关系是数值分析方法准确模拟地震动下岩体工程响应的关键。研究岩石适用于地震荷载下的本构关系,则需从岩石在地震荷载的基本力学特性着手。第2章中已经对地震荷载形式进行了详细的分析,发现地震荷载是循环荷载,对于反映循环荷载下岩石的力学特性,经典塑性理论显得相当粗糙,甚至是无能为力的(莫海鸿,1988)。经典塑性力学的基本前提是假设屈服面存在。塑性应变增量垂直于屈服面,决定了其方向由屈服面的形状所决定。如果开始加载,材料就出现塑性变形,屈服面所围区域将会收缩成一个点,这就使得塑性应变增量的方向变得不确定。其次,屈服面内部是一个弹性域,无论应力如何改变都没有塑性变形产生,它只能描述应力达到屈服状态的显著塑性变形,而不可能用来描述应力在屈服面内变化而产生的塑性变形,即它不能用来反映岩石材料的循环加载特性(孔亮等,2003)。日本学者 Hashiguchi(2009)提出的次加载面理论能较好地反映材料的循环加载特性,因此本章首先介绍次加载面理论,其次是构建循环荷载下岩石材料的本构模型,在此基础上,基于有限元方法实现该本构模型的植入,最后运用数值手段分析不同加载条件下岩石材料的变形特性、分级和多级加载下岩石材料的力学性质。

3.1 次加载面理论

次加载面理论(Hashiguchi,2009)基本思路是假设在正常屈服面(常规模型的屈服面)的内部存在一个与之保持几何相似的次加载面,当前应力点始终位于该加载面上,因此加载准则不需要判断应力点是否位于屈服面上。该模型可反映塑性应变增量对应力增量的相关性,能较好地模拟曼辛效应(滞回特性)、棘轮效应(塑性应变的积累性)等材料的主要循环加载特性,与常规模型相比,该模型的弹性阶段与塑性阶段能光滑过渡,即应力-应变关系是连续光滑的,因为塑性模量是用次加载面与正常屈服面大小的比值来表示的,如图3-1所示。

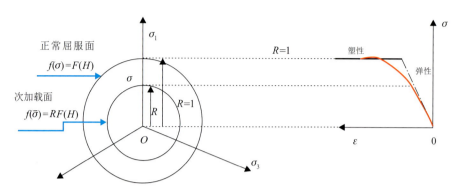

R. 次加载面与正常屈服面大小的比值；H. 系数；ε. 塑性应变

图 3-1　次加载面的应力-应变曲线

3.1.1　基本假设

次加载面理论之所以能较好地模拟材料的应力-应变路径，是因为它与传统的弹塑性理论有不同的地方，也就因此有了属于该理论的一些假设，下面简单介绍这些假设。

（1）正常屈服面（常规模型的屈服面）的内部存在一个与之保持几何相似的次加载面，当前应力点始终位于该次加载面上。这是该理论最基本的假设，也是其区别于传统弹塑性理论最核心的地方。

（2）正常屈服面与次加载面之间存在一个相似中心面 S，相似中心面 S 位于正常屈服面内，不能位于正常屈服面上。如果相似中心面 S 与正常屈服面重合，则会导致次加载面不能被唯一确定，因为次加载面是通过该面到相似中心面 S 与正常屈服面的距离和相似中心面 S 到正常屈服面的距离之比来确定的，一旦相似中心面 S 与正常屈服面重合，则这距离比将为无穷大。

（3）相似中心面 S 在弹塑性过程中能变化，但在弹性过程中保持不动，因此相似中心面 S 可以认为是塑性内状态变量。

（4）次加载面与正常屈服面大小的比值为相似比 R，当有塑性变形时，R 增加，当只有弹性变形时，R 不变或减小。相似比 R 的取值范围为 $0\sim 1$，相似比 R 的值为 1 时，说明次加载面与正常屈服面重合，即应力位于正常屈服面上，表明了次加载面是传统屈服面的扩展，传统屈服面是次加载面的一个特例；而 R 取值为 0 时，说明此时基本不产生塑性变形。

3.1.2　次加载面模拟加卸载的全过程

根据次加载面理论的基本思路和假设，下面将对次加载面如何模拟材料的一个循环加卸载过程进行阐述。如图 3-2 所示，s 和 $\bar{\alpha}$ 是相似中心面中心、次加载面中心的轴向分量，ε^p

为塑性应变，H 为系数。在初始加载时，相似中心和次加载面中心都位于坐标原点，如图 3-2(a)所示；加载时，应力增加，次加载面则随着应力的增加而增加，而此时产生相应的塑性应变，同时相似中心面中心 s 也随之变化，如图 3-2(b)所示；刚开始卸载时，应力在减少到相似中心面中心 s 之前，次加载面随应力的减少而逐渐缩小，此时只产生弹性变形，相似中心面中心 s 不变化，如图 3-2(c)所示；随着应力的继续卸载，当应力超过相似中心面中心 s 后，次加载面将再次扩大，同时也会产生塑性变形，相应地，相似中心面中心 s 也会变化，如图 3-2(d)所示，因此在一个卸载过程中，不仅只有弹性变形，还有塑性变形；再次加载初始阶段，次加载面将收缩，而此时应力的增加还没有到达相似中心面中心 s，材料只产生弹性应变，相应地，相似中心面中心 s 不产生变化，如图 3-2(e)所示；随着加载的增加，应力超过相似中心面中心 s，次加载面则会扩大，从而产生塑性变形，相似中心面中心 s 也随之移动，类似卸载过程，如图 3-2(f)所示。因而该理论具有较好的记忆力，能模拟应力-应变路径，在加载和卸载过程中都能产生塑性变形，从而形成一个封闭的滞回圈。

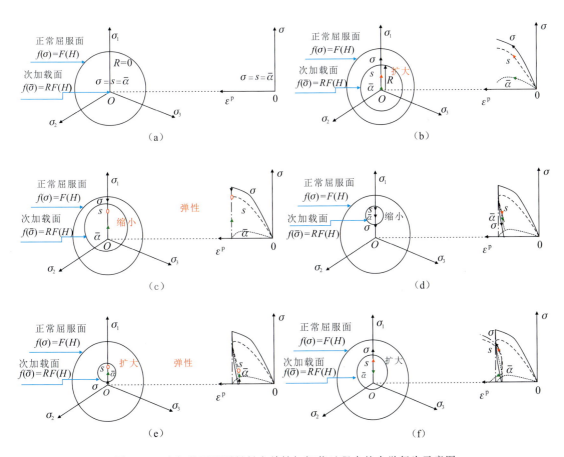

图 3-2 次加载面预测材料在单轴加卸载过程中的力学行为示意图

3.2　循环荷载下岩石材料的本构模型

次加载面理论在描述材料的曼辛效应和棘轮效应时具有很好的优势,满足循环塑性模型的连续性和光滑性等力学特性,次加载面理论已经在金属材料、超固结土、砂土、饱和黏土和混凝土以及软岩中得到了运用(Hashiguchi,2009;Fu et al.,2012),都取得了很好的结果。

经典塑性力学的基本前提是假设屈服面存在,根据流动法则,塑性应变增量垂直于屈服面,决定了其方向由屈服面的形状所决定。如果开始加载,材料就出现塑性变形,屈服面所围区域将会收缩成一个点,这就使得塑性应变增量的方向变得不确定。其次,屈服面内部是一个弹性域,无论应力如何改变都没有塑性变形产生,它只能描述应力达到屈服状态的显著塑性变形,而不可能用来描述应力在屈服面内变化而产生的塑性变形,即它不能用来反映岩石材料的循环加载特性。因此,需要区别于经典塑性理论的新理论来反映岩石在循环荷载下的力学变形,而次加载面理论中应力点一直都在与常规屈服面保持几何相似的次加载面上的假设,就说明了该理论能较好地反映岩石在低于抗压强度时就能产生塑性变形的这一现象,因此把次加载理论运用到描述岩石在循环加载条件下的力学性质是一个不错的选择。

3.2.1　岩石正常屈服准则的选择

次加载面模型反映材料在循环荷载下的变形特性具有很好的适应性和正确性,但是这些材料一般都局限于土体材料、金属材料和混凝土,基本没有涉及岩石材料,因此对于岩石材料,次加载面的正常屈服面应选择适用于岩石的屈服准则。

广泛运用到岩石材料中的屈服准则主要有莫尔-库仑准则、Drucker-Prager 准则、霍克-布朗准则和双剪强度准则,然而莫尔-库仑屈服准则没有考虑中间主应力对岩石强度的影响(汪斌等,2010),且其 π 平面上的屈服曲线有奇异点;霍克-布朗准则在子午面上的包络线是抛物线,表明了内摩擦角随静水压力变化,同时该准则还能反映岩体的破碎情况,但是它与莫尔-库仑准则一样没有考虑中间主应力的影响,且参数 m 和 s 的取值较难确定(郑颖人等,2007);双剪强度准则虽然考虑了中间主应力对强度的影响,但只能适用于剪切和拉压强度满足一定关系的材料(周小平等,2008);Drucker-Prager 准则虽不能区分岩石的拉伸子午线和压缩子午线,子午面上的包络线也是直线,然而该准则却能考虑岩石的静水压力和中间主应力效应,且形式简单,物理意义明确,π 平面上的屈服曲线又是圆形,即处处光滑无奇异点,易于编程,因此相对于其他准则,选择 Drucker-Prager 准则作为次加载面的正常屈服面更恰当。

3.2.2 循环荷载下岩石材料的本构模型

Drucker-Prager 准则的具体表达式为：

$$f(\sigma) = \beta I_1 + \sqrt{J_2} = F(H) = k(H) \tag{3-1}$$

式中：β 和 k 为材料参数；H 为系数；I_1 和 J_2 分别为应力的第一不变量和偏应力的第二不变量。$k(H)$ 可表示为（白冰等，2012）：

$$k(H) = \frac{\sqrt{3}\cos\varphi}{\sqrt{3+\sin^2\varphi}}(c + H\|\varepsilon^p\|) \tag{3-2}$$

式中：ε^p 为塑性应变；φ、c 分别为内摩擦角和黏聚力，则正常屈服面为：

$$f(\sigma_y) = \beta I_{y1} + \sqrt{J_{y2}} = F(H) = k(H) = \frac{\sqrt{3}\cos\varphi}{\sqrt{3+\sin^2\varphi}}(c + H\|\varepsilon^p\|) \tag{3-3}$$

式中：σ_y 为位于次加载面上当前应力 σ 在正常屈服面上的对偶应力。由于次加载面与正常屈服面保持几何相似的，因此次加载面应力路径模型为：

$$f(\bar{\sigma}) = \beta \bar{I}_1 + \sqrt{\bar{J}_2} = RF(H) = Rk(H) = R\frac{\sqrt{3}\cos\varphi}{\sqrt{3+\sin^2\varphi}}(c + H\|\varepsilon^p\|) \tag{3-4}$$

式中：$\bar{\sigma}$ 为次加载面上的应力；$\bar{I}_1$ 为次加载面上应力的第一不变量。

如图 3-3 所示，可以得出如下的几何相似关系：

$$\bar{\sigma} = \sigma - \bar{\alpha} = R\tilde{\sigma}_y = R(\sigma_y - \alpha) \tag{3-5}$$

$$\hat{s} = s - \alpha = \frac{\bar{s}}{R} = \frac{s - \bar{\alpha}}{R} \tag{3-6}$$

$$\tilde{\sigma} = \sigma - s = R\tilde{\sigma}_y = R(\sigma_y - s) \tag{3-7}$$

式中：s 为相似中心面中心；α 为正常屈服面的几何中心；$\bar{\alpha}$ 为次加载面的几何中心；$\hat{s}$ 为考虑几何中心后的相似中心面的中心；$\bar{s}$ 为次加载面考虑背应力的相似中心；$\tilde{\sigma}_y$ 为对偶应力与相似中心面中心的矢量差。当 $R=0$ 时，$\sigma = s = \bar{\alpha}$，表示次加载面与相似中心面重合，即次加载面收缩为一个点；当 $R=1$ 时，$\sigma = \sigma_y$，即为传统的弹塑性模型。因此，传统的弹塑性模型为次加载面模型的一个特例。

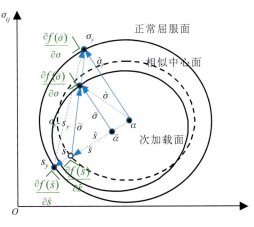

图 3-3 次加载面示意图

1. 弹塑性模量的推导

仿照传统弹塑性模型,根据一致性条件,可以推导出弹塑性模量,即:

$$\frac{\partial f}{\partial \sigma}\mathrm{d}\bar{\sigma} - F\mathrm{d}R - R\mathrm{d}F = 0 \tag{3-8}$$

由式(3-5)可知:

$$\mathrm{d}\bar{\sigma} = \mathrm{d}\sigma - \mathrm{d}\bar{\alpha} = \mathrm{d}\sigma - R\mathrm{d}\alpha - (1-R)\mathrm{d}s - \mathrm{d}R\hat{s} \tag{3-9}$$

相比于传统弹塑性模型,还需知道相似中心面中心 s、相似比 R 及随动硬化 α 的表达式。对于相似中心面中心 s,类似于次加载面屈服方程,相似中心面屈服方程为:

$$f(\hat{s}) = R_s F(H) \tag{3-10}$$

式中: R_s 为相似中心比。根据假设,相似中心屈服面是在正常屈服面之内,利用相似中心的封闭条件可知:

$$\mathrm{d}s - \mathrm{d}\alpha - \frac{\mathrm{d}F}{F}\hat{s} \leqslant 0 \tag{3-11}$$

为满足上式,假设有:

$$\mathrm{d}s - \mathrm{d}\alpha - \frac{\mathrm{d}F}{F}\hat{s} = C\|\mathrm{d}\varepsilon^p\|\left[\sigma_y - \alpha - \frac{R_s}{\chi}(s_y - \alpha)\right] = C\|\mathrm{d}\varepsilon^p\|\left(\frac{\bar{\sigma}}{R} - \frac{\hat{s}}{\chi}\right) \tag{3-12}$$

式中: χ 为相似中心比 R_s 的最大值; C 为材料参数。则:

$$\mathrm{d}s = C\|\mathrm{d}\varepsilon^p\|\left(\frac{\bar{\sigma}}{R} - \frac{\hat{s}}{\chi}\right) + \mathrm{d}\alpha + \frac{\mathrm{d}F}{F}\hat{s} \tag{3-13}$$

对于岩石材料,循环荷载与动力问题应采用随动硬化或混合硬化(郑颖人等,2007),为了更好地反映岩石的动力特性,借鉴金属材料(Hashiguchi,2009),随动硬化 α 采用非线性随动硬化准则(如图3-4所示),即:

$$\mathrm{d}\alpha = a\left(rF\frac{\partial f}{\partial \bar{\sigma}}\bigg/\left\|\frac{\partial f}{\partial \bar{\sigma}}\right\| - \alpha\right)\|\mathrm{d}\varepsilon^p\| \tag{3-14}$$

式中: a、r 为材料参数。

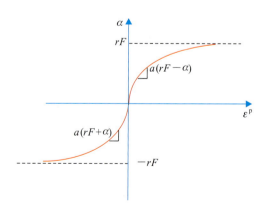

图3-4 非线性随动硬化准则

在加载过程中,次加载面逐渐向正常屈服面靠近,但不能超越正常屈服面,当次加载面到达正常屈服面时,$R=1$;在卸载过程中,次加载面先减小,当减小到相似中心面时,次加载面即变为一点,$R=0$;之后逐渐增大,即反向加载。因此在有塑性应变产生过程中,R 需满足:

$$\begin{cases} R_e \geqslant R \geqslant 0, \mathrm{d}R = +\infty \\ 1 > R > R_e, \mathrm{d}R > 0 \\ R = 1, \mathrm{d}R = 0 \\ R > 1, \mathrm{d}R < 0 \end{cases} \tag{3-15}$$

基于上述要求,R 可以表示为:

$$\mathrm{d}R = U\|\mathrm{d}\varepsilon^p\| = -u\ln\frac{(R-R_e)}{1-R_e} = -u\ln R (R_e = 0) \tag{3-16}$$

式中:u 为材料参数;R_e 为次加载面与正常屈服面之比的最小设定值,本书中,R_e 为 0。图 3-5 表示 R 的变化过程。

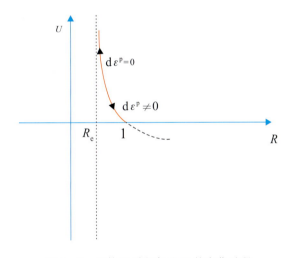

图 3-5 函数 U 随相似比 R 的变化过程

综合上述假设和要求,根据一致性条件,可以得出弹塑性矩阵的表达式为:

$$\boldsymbol{D}^{ep} = \boldsymbol{D}^{el} - \left(\frac{\partial f}{\partial \boldsymbol{\sigma}}\right)^T \boldsymbol{D}^{el} \boldsymbol{D}^{el} \frac{\partial f}{\partial \bar{\boldsymbol{\sigma}}} \bigg/ \left\{\left(\frac{\partial f}{\partial \boldsymbol{\sigma}}\right)^T \boldsymbol{D}^{el} \frac{\partial f}{\partial \bar{\boldsymbol{\sigma}}} + \left(\frac{\partial f}{\partial \bar{\boldsymbol{\sigma}}}\right)^T \left[\frac{\mathrm{d}F(H)}{F(H)}\hat{\boldsymbol{\sigma}} + \mathrm{d}\boldsymbol{\alpha} + U\frac{\bar{\boldsymbol{\sigma}}}{R} + \right. \right.$$

$$\left. \left. C(1-R)\left(\frac{\bar{\boldsymbol{\sigma}}}{R} - \frac{\hat{\boldsymbol{s}}}{\chi}\right)\right]\right\} \tag{3-17}$$

$$\frac{\partial f}{\partial \bar{\boldsymbol{\sigma}}} = \beta \frac{\partial \bar{I}_1}{\partial \bar{\boldsymbol{\sigma}}} + \frac{1}{2\sqrt{\bar{J}_2}} \frac{\partial \bar{J}_2}{\partial \bar{\boldsymbol{\sigma}}} \tag{3-18}$$

$$\frac{\partial \bar{I}_1}{\partial \bar{\boldsymbol{\sigma}}} = \begin{bmatrix} 1 & 1 & 1 & 0 & 0 & 0 \end{bmatrix}^T \tag{3-19}$$

$$\frac{\partial \bar{J}_2}{\partial \bar{\boldsymbol{\sigma}}} = \bar{\boldsymbol{\sigma}} - \bar{\sigma}_m \begin{bmatrix} 1 & 1 & 1 & 0 & 0 & 0 \end{bmatrix}^T \tag{3-20}$$

$$\frac{\mathrm{d}F(H)}{F(H)} = \frac{H}{1+H\|\mathrm{d}\varepsilon^{\mathrm{p}}\|} \tag{3-21}$$

式中：$\boldsymbol{D}^{\mathrm{ep}}$、$\boldsymbol{D}^{\mathrm{el}}$ 分别为弹塑性矩阵和弹性矩阵；$\bar{\sigma}_m$ 为 $\bar{\boldsymbol{\sigma}}$ 的平均应力。该模型不同于理想屈服面模型，因为包含了混合硬化，即等向硬化参数 H、R 和随动硬化 α。

2. 加卸载准则

与传统屈服面不同，次加载面模型不需判定应力点是否位于屈服面上，因为应力一直在次屈服面上，因此在求解弹塑性模量及塑性应变时，只需判定加载方向即可，即其加卸载准则为：

$$\begin{cases} \mathrm{d}\varepsilon^{\mathrm{p}} \neq 0, \partial f / \partial \bar{\sigma} \otimes \mathrm{d}\sigma > 0 \\ \mathrm{d}\varepsilon^{\mathrm{p}} = 0, \partial f / \partial \bar{\sigma} \otimes \mathrm{d}\sigma \leqslant 0 \end{cases} \tag{3-22}$$

当有塑性应变产生时，次加载面是在增大的；相反，没有塑性应变时，次加载面是在减小的，即弹性卸载。换言之，次加载面在缩小到相似中心面之前的过程中，不产生塑性应变，当应力超过相似中心的位置后，次加载面再次扩大，产生塑性变形。因此该模型的加卸载阶段一般都是先弹性阶段，后弹塑性阶段，区别于传统的屈服面。

3. 相似比 R 的求解

相似比 R 可以根据 $R = f(\bar{\sigma})/F(H)$ 求解，然而 $\bar{\sigma} = \tilde{\sigma} + R\hat{s}$ 包含了 R，因此须联合求解，即：

$$f(\bar{\sigma}) = f(\tilde{\sigma} + R\hat{s}) = \beta \mathrm{tr}(\tilde{\sigma} + R\hat{s}) + \sqrt{1/2} \|\tilde{\sigma}' + R\hat{s}'\| = RF(H) \tag{3-23}$$

式中：tr 表示矩阵的迹；$\tilde{\sigma}'$ 为 $\tilde{\sigma}$ 的偏应力；$\hat{s}'$ 为 $\hat{s}$ 的偏应力。

变换上式，可得：

$$R = \frac{-b + \sqrt{b^2 - 4Ad}}{2A} \tag{3-24}$$

其中：

$$A = F(H)^2 - 6F(H)\beta\hat{s}_m + 9\beta^2\hat{s}_m^2 - 1/2\|\hat{s}'\|^2 \tag{3-25}$$

$$b = -6F(H)\beta\tilde{\sigma}_m + 18\beta^2\tilde{\sigma}_m\hat{s}_m - (\tilde{\sigma}' \otimes \hat{s}') \tag{3-26}$$

$$d = 9\beta^2\tilde{\sigma}_m^2 - 1/2\|\tilde{\sigma}'\|^2 \tag{3-27}$$

式中：$\tilde{\sigma}_m$、$\hat{s}_m$ 分别为 $\bar{\boldsymbol{\sigma}}$ 和 $\hat{s}$ 的平均应力。

3.2.3 数值实现过程

运用弹性预测-塑性修正的思想，通过有限元自编程序，循环荷载下岩石材料本构模型的数值实现过程如图 3-6 所示，具体流程如下。

（1）初始内变量：时间步为 $n+1$，迭代步为 1 时，相应的内变量为（值得注意的是 R 的初始值需要设置为一个非常小的值，比如 1×10^{-8}）：

$$\boldsymbol{s}_{n+1}^k = \boldsymbol{s}_n, \boldsymbol{\alpha}_{n+1}^k = \boldsymbol{\alpha}_n, R_{n+1}^k = R_n, F_{n+1}^k = F_n \tag{3-28}$$

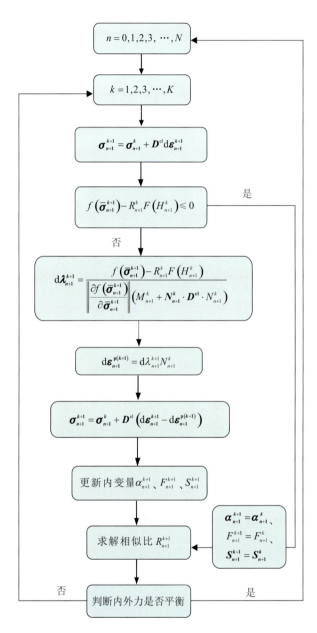

图 3-6 数值实现流程图

(2) 弹性预测:在时间步为 $n+1$,迭代步为 $k+1$ 时,假设应力为:
$$\boldsymbol{\sigma}_{n+1}^{k+1} = \boldsymbol{\sigma}_{n+1}^{k} + \boldsymbol{D}^{el} d\boldsymbol{\varepsilon}_{n+1}^{k+1} \quad (3-29)$$

(3) 屈服判断:由 $\boldsymbol{\sigma}_{n+1}^{k+1}$ 计算相应的应力不变量 $\bar{I}_1$ 和 $\bar{J}_2$,之后则判断:
$$f(\bar{\boldsymbol{\sigma}}_{n+1}^{k+1}) - R_{n+1}^{k} F_{n+1}^{k}(H) \leqslant 0 \quad (3-30)$$

如果上式成立,则此时的应力即为步骤(2)中的应力,转至步骤(4)中的③;反之,则要进行相应的塑性修正。

(4)塑性修正:塑性修正的目的是求解正确的应力,从而使屈服函数能在屈服面上,而不是远离屈服面。

①求解塑性因子:

$$\mathrm{d}\lambda_{n+1}^{k+1} = \frac{f(\bar{\boldsymbol{\sigma}}_{n+1}^{k+1}) - R_{n+1}^{k} F_{n+1}^{k}(H)}{\left\|\frac{\partial f(\bar{\boldsymbol{\sigma}}_{n+1}^{k+1})}{\partial \bar{\boldsymbol{\sigma}}_{n+1}^{k+1}}\right\| (M_{n+1}^{k} + \boldsymbol{N}_{n+1}^{k} \cdot \boldsymbol{D}^{\mathrm{el}} \cdot \boldsymbol{N}_{n+1}^{k})} \tag{3-31}$$

$$\boldsymbol{N}_{n+1}^{k} = \frac{\frac{\partial f(\bar{\boldsymbol{\sigma}}_{n+1}^{k+1})}{\partial \bar{\boldsymbol{\sigma}}_{n+1}^{k+1}}}{\left\|\frac{\partial f(\bar{\boldsymbol{\sigma}}_{n+1}^{k+1})}{\partial \bar{\boldsymbol{\sigma}}_{n+1}^{k+1}}\right\|} \tag{3-32}$$

$$M_{n+1}^{k} = \boldsymbol{N}_{n+1}^{k} \cdot \left\{\frac{F'^{k}_{n+1}}{F_{n+1}^{k}} \hat{\boldsymbol{\sigma}}_{n+1}^{k} + \boldsymbol{\alpha}_{n+1}^{k} + U_{n+1}^{k} \frac{\tilde{\boldsymbol{\sigma}}_{n+1}^{k}}{R_{n+1}^{k}} + C(1-R_{n+1}^{k})\left[\frac{\hat{\boldsymbol{\sigma}}_{n+1}^{k}}{R_{n+1}^{k}} - \frac{\hat{\boldsymbol{s}}_{n+1}^{k}}{\chi}\right]\right\} \tag{3-33}$$

②更新内变量:

$$\mathrm{d}\boldsymbol{\varepsilon}_{n+1}^{\mathrm{p}^{k+1}} = \mathrm{d}\lambda_{n+1}^{k+1} \boldsymbol{N}_{n+1}^{k} \tag{3-34}$$

$$\boldsymbol{\sigma}_{n+1}^{k+1} = \boldsymbol{\sigma}_{n+1}^{k} + \boldsymbol{D}^{\mathrm{ep}} \mathrm{d}\boldsymbol{\varepsilon}_{n+1}^{k+1} = \boldsymbol{\sigma}_{n+1}^{k} + \boldsymbol{D}^{\mathrm{el}} (\mathrm{d}\boldsymbol{\varepsilon}_{n+1}^{k+1} - \mathrm{d}\boldsymbol{\varepsilon}_{n+1}^{\mathrm{p}^{k+1}}) \tag{3-35}$$

$$F_{n+1}^{k+1} = F_{n+1}^{k} + F_{n+1}^{k} H \|\mathrm{d}\boldsymbol{\varepsilon}_{n+1}^{\mathrm{p}^{k+1}}\| \tag{3-36}$$

$$\boldsymbol{\alpha}_{n+1}^{k+1} = \boldsymbol{\alpha}_{n+1}^{k} + a(rF_{n+1}^{k}\boldsymbol{N}_{n+1}^{k} - \boldsymbol{\alpha}_{n+1}^{k}) \|\mathrm{d}\boldsymbol{\varepsilon}_{n+1}^{\mathrm{p}^{k+1}}\| \tag{3-37}$$

$$\boldsymbol{s}_{n+1}^{k+1} = \boldsymbol{s}_{n+1}^{k} + \left[C\left(\frac{\bar{\boldsymbol{\sigma}}_{n+1}^{k}}{R_{n+1}^{k}} - \frac{\hat{\boldsymbol{s}}_{n+1}^{k}}{\chi}\right) + \boldsymbol{\alpha}_{n+1}^{k} + \frac{F'^{k}_{n+1}}{F_{n+1}^{k}} \hat{\boldsymbol{s}}_{n+1}^{k}\right] \|\mathrm{d}\boldsymbol{\varepsilon}_{n+1}^{\mathrm{p}^{k+1}}\| \tag{3-38}$$

③求解相似比 R:

$$R_{n+1}^{k+1} = \frac{-B'^{k+1}_{n+1} + \sqrt{B'^{k+1^{2}}_{n+1} - 4A_{n+1}^{k+1} c'^{k+1}_{n+1}}}{2A_{n+1}^{k+1}} \tag{3-39}$$

$$A_{n+1}^{k+1} = \frac{1}{2}\|\hat{\boldsymbol{s}}'^{k+1}_{n+1}\|^{2} - 9\beta^{2}(\hat{\boldsymbol{s}}_{n+1}^{k+1})_{m}^{2} - (F_{n+1}^{k+1})^{2} + 6\beta F_{n+1}^{k+1}(\hat{\boldsymbol{s}}_{n+1}^{k+1})_{m} \tag{3-40}$$

$$B'^{k+1}_{n+1} = (\tilde{\boldsymbol{\sigma}}'^{k+1}_{n+1} \cdot \hat{\boldsymbol{s}}'^{k+1}_{n+1}) - 18\beta^{2}(\tilde{\boldsymbol{\sigma}}_{n+1}^{k+1})_{m}(\hat{\boldsymbol{s}}_{n+1}^{k+1})_{m} + 6\beta F_{n+1}^{k+1}(\tilde{\boldsymbol{\sigma}}_{n+1}^{k+1})_{m} \tag{3-41}$$

$$C'^{k+1}_{n+1} = \frac{1}{2}\|\tilde{\boldsymbol{\sigma}}'^{k+1}_{n+1}\|^{2} - 9\beta^{2}(\tilde{\boldsymbol{\sigma}}_{n+1}^{k+1})_{m}^{2} \tag{3-42}$$

(5)判断内外力是否平衡:

$$\left\|\sum_{e=1}^{m}(\boldsymbol{f}_{n+1}^{k+1})_{e(\mathrm{int})} - \sum_{e=1}^{m}(\boldsymbol{f}_{n+1})_{e(\mathrm{ext})}\right\| < \mathrm{ToL} \tag{3-43}$$

$$(\boldsymbol{f}_{n+1}^{k+1})_{e(\mathrm{int})} = \int_{V_{e}} \boldsymbol{B}^{\mathrm{T}} \boldsymbol{\sigma}_{n+1}^{k+1} \mathrm{d}V \tag{3-44}$$

式中:$(\boldsymbol{f}_{n+1}^{k+1})_{e(\mathrm{int})}$、$(\boldsymbol{f}_{n+1})_{e(\mathrm{ext})}$ 分别为单元的内力和外力;ToL 为允许误差;$\boldsymbol{B}$、V_{e} 分别为单元的应变矩阵和体积。如果式(3-43)成立,转至下一步,即步骤(1);不成立,则跳转到步骤(2)继续进行迭代。

3.2.4 试验验证

3.2.4.1 参数的确定

循环荷载下岩石材料的本构模型有 E、v、c、φ、H、a、r、u、C 和 χ 这 10 个参数,其中前 4 个根据静力单轴试验即可确定,H、a 和 r 为硬化参数(H 为等向硬化参数,a 和 r 为随动硬化参数),可以根据应力-应变曲线求得。后面 3 个参数 u、C 和 χ 是次加载面模型所特有的参数,u 是控制应力点向正常屈服状态靠近速率的参数,由中等变形速率应力-应变曲线的斜率初步确定;C 的大小影响滞回圈的宽度;χ 则是最大相似中心面与正常屈服面的比值,其值不超过 1。由于 u 和 C 之间存在交叉,这两个参数目前只能按试错法进行确定,需依据加载、卸载、再加载应力路径的单轴与三轴试验结果对其进行不断调整,直到较好地拟合应力-应变曲线为止(孔亮等,2003)。

对于一个 100mm×100mm×100mm 的立方体岩石,采用单轴加卸载方式,先加载到 4.8MPa,之后再加载频率为 1Hz、幅值为 3MPa 的半正弦波,加载次数为 6 次,加载路径如图 3-7 所示。它的常规参数如表 3-1 所示。

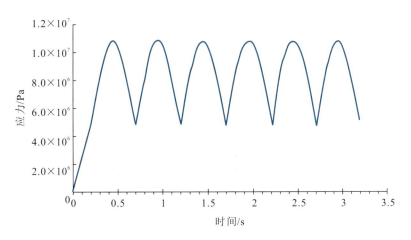

图 3-7 加载应力路径图

表 3-1 常规参数表

E/Pa	v	c/Pa	φ/(°)	H	a	r	u	C	χ
1.2×10^{10}	0.2	4×10^6	30	1	0	0	3×10^2	$\times10^3$	0.7

利用该模型对上述应力路径下岩石的响应进行模拟,可以得出如下的相似比随应变的变化曲线(图 3-7)、应力-应变曲线(图 3-8)、应变随时间的变化曲线(图 3-9)。

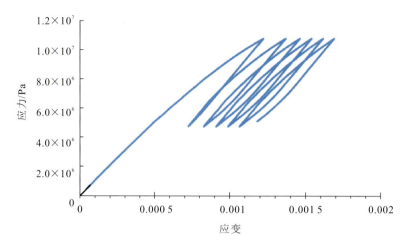

图 3-8 应力-应变曲线图

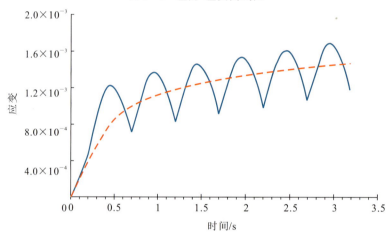

图 3-9 应变随时间的变化曲线图

从图 3-8 可以看出,在卸载过程与再加载过程均有塑性变形产生,从而形成了滞回圈,说明该模型能反映岩石曼辛效应;图 3-9 表明随着加载次数的增加,累计塑性应变也在相应地增加,说明该模型同样也能反映岩石棘轮效应。卸载曲线的初始阶段是弹性回弹,当卸载到一定程度才产生塑性变形,同样,再加载曲线的初始阶段也是弹性加载,只有加载到一定程度才产生塑性变形,正好验证了上述结论。因此该模型在加卸载过程中都有一定的塑性变形产生,与岩石实际变形特性是一致的。

以上述参数为基点,分别改变 χ、C 和 u 三个参数的大小,可以得出如下应力-应变曲线(图 3-10)。从图 3-10(a)可以看出,参数 χ 基本上不影响岩石的加载斜率,而是影响滞回圈的大小及累积塑性应变,χ 值越大,累积塑性应变也越大,但滞回圈的大小则相对较小,然而当 χ 为 1 时,累积塑性应变维持在一个值,且滞回圈基本上保持不变;参数 C 影响岩石的塑性模量,C 值越大,塑性模量越大,但 C 值接近于无穷大时,塑性模量与弹性模量相当,即该模型与传统的弹塑性模量一致,相反,C 值越小,塑性模量则越小,产生的累积塑性应变也越大,滞回圈的大小也相应地增大;参数 u 对塑性模量的影响与参数 C 类似,只是 u 的影响比 C 的影响要大,此外,当 u 值降到一定程度时,累积塑性应变大幅增加,相应的滞回圈的大小则随着加载次数的增加而逐渐增大,且增加的幅度也较大。

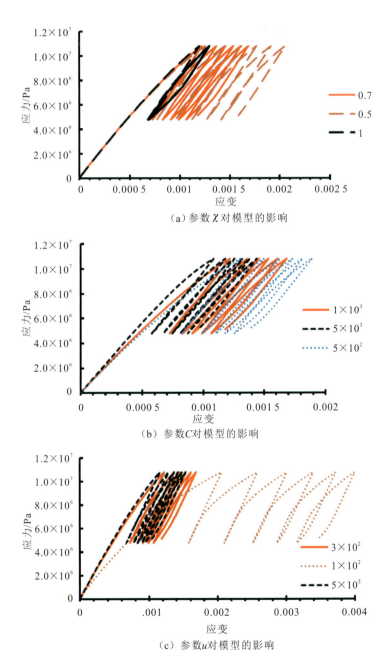

(a) 参数 χ 对模型的影响

(b) 参数 C 对模型的影响

(c) 参数 u 对模型的影响

图 3-10 不同参数对岩石材料应力-应变曲线的影响

3.2.4.2 试验验证

1. 模型材料

以大岗山水电站地下洞室Ⅱ类围岩为原型材料,假设其特征单元尺寸为15m,模型尺寸为150mm,几何比尺取100。模型材料以铁精粉、重晶石粉、石英砂、石膏、水为主,根据试验结果确定满足力学相似条件的材料配比为176∶264∶66∶50∶60。加载应力路径如图3-11所示,参数如表3-2所示。

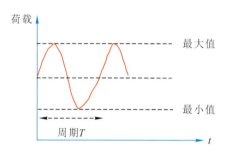

图3-11 加载应力路径示意图

表3-2 模型材料参数表

E/Pa	v	c/Pa	φ/(°)	H	a	r	u	C	χ
1.9×10^9	0.25	1.5×10^6	30	1	30	0.5	80	10	0.2

由图3-12可以看出,该模型基本上能反映模型材料在循环加卸载下的响应。由于该模型在滞回圈模拟上是随着加载次数逐渐增大,最后趋于稳定,因此在滞回圈大小方面模拟效果不是很好,但是能较好地反映累积应变。

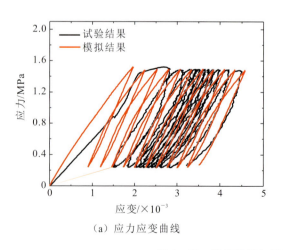
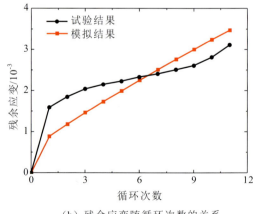

(a) 应力应变曲线　　(b) 残余应变随循环次数的关系

图3-12 模拟结果与模型材料试验数据的对比

2. 玄武岩

采用圆柱形玄武岩试样,直径是 48.58mm,高度是 99.92mm,在中国科学院武汉岩土力学研究所自行研制的 RDT-10000 型岩石高压动三轴试验系统进行动态压缩试验。围压是 20MPa,加载波形为正弦波,幅值是 65MPa,频率为 1Hz。利用该模型及传统的 Drucker-Prager 屈服准则分别进行模拟,并与试验数据进行对比,参数如表 3-3 所示。

表 3-3 玄武岩参数表

E/Pa	v	c/Pa	$\varphi/(°)$	H	a	r	u	C	χ
3.2×10^{10}	0.2	6.4×10^{6}	50	1	0	0	8×10^{2}	1×10^{2}	0.7

从图 3-13 可以看出,该模型基本上能模拟玄武岩在循环加卸载下的响应。与传统的 Drucker-Prager 屈服准则相比,该准则在弹性阶段到弹塑性阶段是平滑过渡的,且随着加载次数的增加,累积塑性应变是在逐渐增加的,同时也能形成滞回圈。

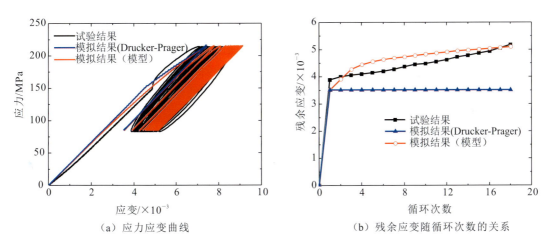

(a) 应力应变曲线　　(b) 残余应变随循环次数的关系

图 3-13 模拟结果与玄武岩试验数据的对比

3.3 不同加载条件下岩石材料的变形数值分析

本节主要通过数值模拟研究岩石材料在循环荷载下的变形特征,不考虑疲劳问题。荷载的类型主要包括不同加载波型、加载频率、最大加载应力、加载幅值以及最大加载应力和幅值的循环荷载。

3.3.1 不同加载波型

为了反映不同加载波型的影响,使用了 3 种常用的波型,如图 3-14 所示。这 3 种波型分别是正弦波、三角形波和方形波,每种波型的幅值、频率和加载次数都是一样的。方形波比较难实现,因此主要通过不断地扩展梯形波的平台段来获取(Bagde and Petroš,2005)。图 3-14 用时间节点 t_1、t_2、t_3 和 t_4 描述了梯形波,其中 $t_2 - t_1 = t_4 - t_3$。图 3-15 表示正弦波的加载时程图,首先应力逐渐增加至平均应力[1/2(最大应力 M + 最小应力) = 10MPa],随后正弦波循环 8 次。A_1[1/2(最大应力 M − 最小应力) = 10MPa]是正弦波的幅值,T 是周期,$f_1 (= 1/T = 1\text{Hz})$ 是频率。对于梯形波,平台段的时间间隔($\Delta t = t_2 - t_1 = t_4 - t_3$)设置为 0.49s,这样就可以假设它是方形波,因为它特别接近半个周期(1/2T=0.5s)。假设岩石试样的计算参数如表 3-4 所示,单轴循环加载下岩石试验的计算模型如图 3-16 所示。

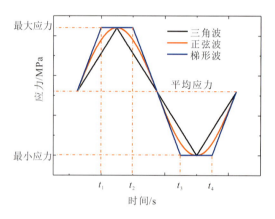

图 3-14 加载波型示意图

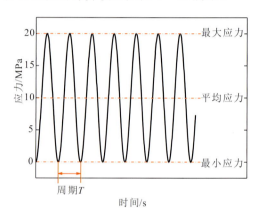

图 3-15 正弦波的加载时程图

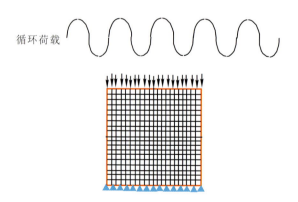

图 3-16 单轴循环加载下岩石试验的计算模型图

表 3-4　岩石试样计算参数表

E/GPa	v	c/MPa	φ/(°)	H	a	r	u	C	χ
12	0.2	4	30	0	0	0	600	1	1

图 3-17 表示使用该本构模型及 Drucker-Prager 本构模型时,岩石试样在不同加载波型下的应力-应变曲线。从图中可以看出,该本构模型能准确地描述岩石在循环荷载下的变形特性,然而 Drucker-Prager 本构模型则不能反映滞回圈和累积塑性应变等特性。图 3-18 描述的是使用该本构模型时岩石试样在第一次加载和最后一次加载时的应力-应变曲线,可以看出,不同加载波型下的滞回圈和初始模量是不一样的(Xiao et al.,2008),表明该模型能很好地反映不同加载波型下滞回圈的大小。不同加载波型下的残余应变也不相同,它们的大小顺序依次是三角波＞正弦波＞方形波,如图 3-19(a)所示,这与实验结果相符(Tao and Mo,1990;Xiao et al.,2008)。岩石试样在循环荷载下的变形可以分为 3 个阶段:初始变形阶段、等速发展阶段和加速破坏阶段(Xiao et al.,2010;Liu et al.,2017)。从图 3-19(a)可以看出,在初始阶段,由于颗粒的压实和微裂缝的闭合,岩石变形发展迅速,然后保持一个较慢的匀速增长阶段。

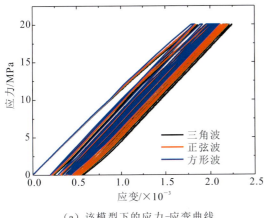

(a) 该模型下的应力-应变曲线

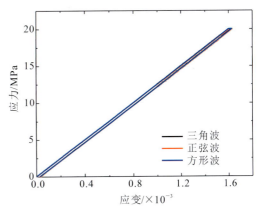

(b) Drucker-Prager 本构模型下的应力-应变曲线

图 3-17　岩石试样在不同加载波型循环荷载下的应力-应变曲线

一般情况下,加载波型、幅值和频率对岩石力学性质的影响可以归结为加载速率的影响(Xiao et al.,2008)。Xiao 等(2008)认为不同加载波型的平均加载速率是不一样的,对于正弦波而言,其平均加载速率为:

$$K_0 = \frac{2A_1^2 \pi f_1}{P'} \left\{ \frac{\arcsin(P'/A_1)}{2} + \frac{\sin[2\arcsin(P'/A_1)]}{4} \right\} \quad (3-45)$$

式中:P'、A_1 和 f_1 分别为荷载、幅值和频率。因此,其平均应变率为:

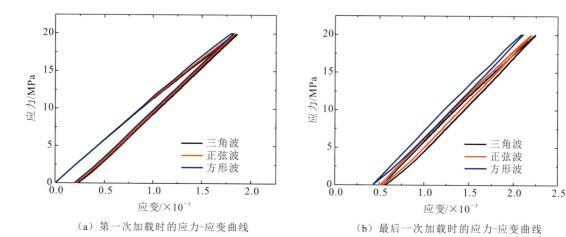

(a) 第一次加载时的应力-应变曲线   (b) 最后一次加载时的应力-应变曲线

图 3-18　使用该模型时不同加载波型的循环荷载下应力-应变曲线

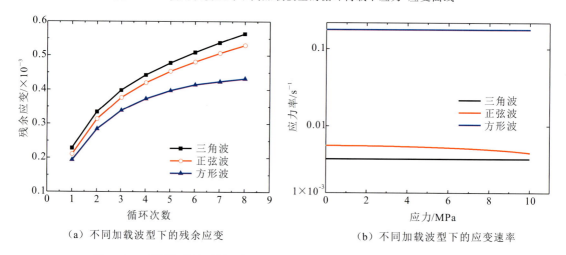

(a) 不同加载波型下的残余应变   (b) 不同加载波型下的应变速率

图 3-19　不同加载波型循环荷载下残余应变和应变速率随加载次数的变化

$$\dot{\varepsilon} = \frac{K_0}{E} \qquad (3-46)$$

式中：E 为杨氏模量。

对于三角形波而言，其平均应变率为：

$$\dot{\varepsilon} = \frac{4A_1 f_1}{E} \qquad (3-47)$$

对于方形波而言，其平均应变率为：

$$\dot{\varepsilon} = \frac{A_1}{0.5(t_1 - t_2) + 0.25/f_1} \qquad (3-48)$$

不同加载波型下的平均应变率如图 3-19(b) 所示。可以看出，不同加载波型的平均应变率的大小为方形波＞正弦波＞三角波。由于应变率效应，岩石的模量和强度是随着应变率增加而增加的(Lajtai et al.,1991)。因此,在不同加载波型下,岩石的裂缝会有不同的响应。换句话而言,应变率增加会导致岩石应变相应地减小,这就很好地解释了上述现象。由于正弦波是一个不错的选择(Tien et al.,1990;Bagde and Petroš,2009;Ma et al.,2013;Vaneghi et al.,2018),对于接下来的模拟,本节选择了正弦波作为加载波型,材料参数同样如表 3-4 所示。

3.3.2 不同频率

由于地震波的主频段一般是在 0~10Hz 之间,因此在本节中施加的循环荷载频率主要有 3 种,分别为 0.1Hz、1Hz 和 10Hz,最大加载应力为 20MPa,幅值为 10MPa。

图 3-20 描述的是岩石在不同加载频率循环荷载下的应力-应变曲线。从图中可以看出,不同加载频率循环荷载下,滞回圈和累积塑性应变是不一样的,而且频率越小,滞回圈和累积塑性应变越大。图 3-21(a)和(b)分别描述的是最大应变和残余应变的变化情况,可以看出,岩石的最大应变和残余应变随着频率的增加而减小,最大应变从 0.1Hz 时的 0.002 311 减小到 1Hz 时的 0.002 199,再到 10Hz 时的 0.002 117,残余应变从 0.1Hz 时的 0.000 613 减小到 1Hz 时的 0.000 53,再到 10Hz 时的 0.000 466。如图 3-22 所示,最大应变和残余应变与频率的对数成负线性关系。同样,不同频率下的变形结果也可以用加载速率来解释。对于一个循环荷载,当幅值固定时,根据式(3-46)可以计算出不同加载频率下的平均应变率,如图 3-23 所示。当循环荷载的频率为 10Hz 时,它的平均应变率超过了 $10^{-2} s^{-1}$。根据上一节的分析结果,可以判断出不同加载频率对应变率的影响排序为 0.1Hz<1Hz<10Hz。因此,不同加载频率下最大应变和残余应变的顺序即为 0.1Hz>1Hz>10Hz。这与文献(Xiao et al.,2008;Ma et al.,2013)的试验结果是相似的,表明该本构模型可以很好地反映不同加载频率循环荷载下的变形特征。

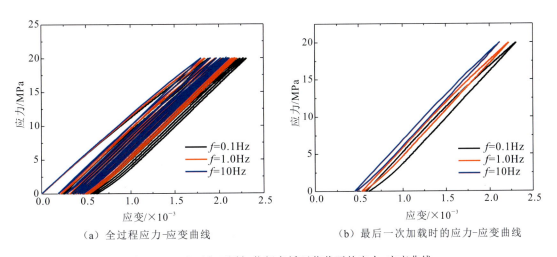

(a) 全过程应力-应变曲线　　(b) 最后一次加载时的应力-应变曲线

图 3-20　岩石在不同加载频率循环荷载下的应力-应变曲线

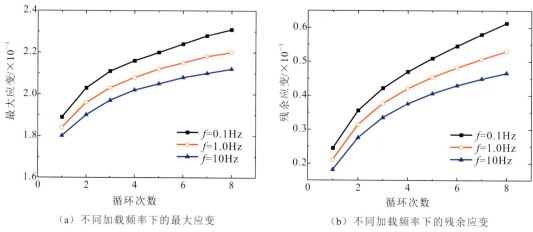

(a) 不同加载频率下的最大应变　　　　　(b) 不同加载频率下的残余应变

图 3-21　不同加载频率下应变随加载次数的变化

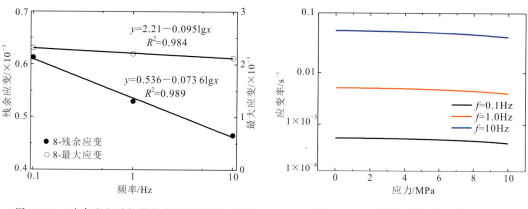

图 3-22　残余应变随加载频率的变化("8-残余应变"表示第 8 次加载时的残余应变,下同)

图 3-23　不同加载频率下应变率随荷载的变化

3.3.3　不同最大加载应力

研究结果表明,应力水平是影响岩石材料在循环荷载下变形特征的一个重要因素(Bagde and Petroš,2005;Fuenkajorn 和 Phueakphum,2010;Momeni et al.,2015)。本节施加的循环荷载有 4 种,最大加载应力分别为 20MPa、22MPa、25MPa 和 30MPa,幅值均为 10MPa,频率均为 1Hz。不同最大加载应力循环荷载下岩石的应力-应变曲线如图 3-24 所示,可以看出,最大加载应力越大,滞回圈的面积就越小,这与试验结果相符(Jiang et al.,2006)。不同最大加载应力循环荷载下岩石最大应变和最小应变的变化如图 3-25 所示,同样可以看出,岩石的应变在加载初始阶段增加迅速,之后会保持较慢的速度匀速增加,增加的速率与最大加载应力有关。最大加载应力对模拟最大应变和残余应变的影响如图 3-26 所示,图中显示,最大和残余应变都与最大加载应力近似成线性比例。随着最大加载应力从 20MPa 增加到 30MPa,第 7 次循环的最大应变从 0.002 2 增加到 0.003 9,第 7 次循环的残余应变从 0.000 507 增加到 0.002 3。因此,最大加载应力不仅控制着最大应变,而且支配着残余应变。

最大加载应力对岩样变形特性的影响可以用循环加载过程中岩石的微破裂机制来解释(Momeni et al.,2015)。由于最大加载应力的增加,平均加载应力和最小加载应力均增加。因此,岩石中原有的内部裂缝更容易扩大,更容易形成新的裂缝,增加了岩石的破坏。因此,随着最大加载应力的增加,岩石的最大应变和残余应变也随之增加。

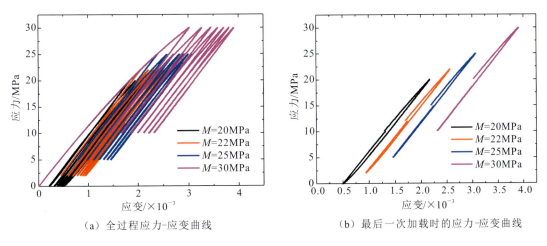

图 3-24 不同最大加载应力循环荷载下岩石的应力-应变曲线

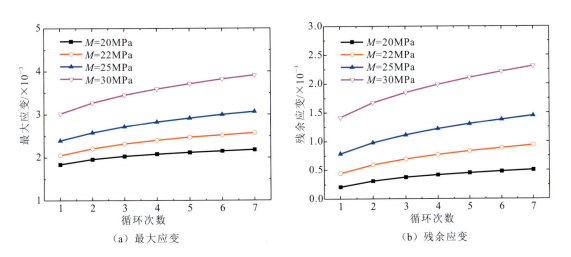

图 3-25 不同最大加载应力循环荷载下岩石应变随加载次数的变化

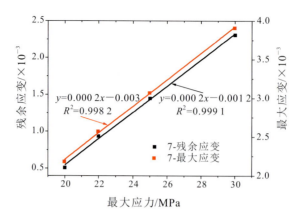

图 3-26 最大应变和残余应变与最大加载应力的关系

3.3.4 不同幅值

同样,本次试验设置了 4 种不同幅值循环荷载,分别为 10MPa、8MPa、6MPa 和 4MPa,以此来分析不同幅值对岩石变形特征的影响。所有循环载荷均以 20MPa 的给定最大载荷应力和 1Hz 的固定频率施加,不同幅值循环荷载下岩石的应力-应变曲线如图 3-27 所示。不同幅值循环荷载下岩石最大应变和残余应变的变化如图 3-28 所示,表明岩石试样的变形随加载幅值而变化。幅值对模拟最大应变和残余应变的影响如图 3-29 所示,可以发现,岩样残余应变与加载幅值成反比,与 Liu 等(2017)观测结果一致。当振幅从 4MPa 变化到

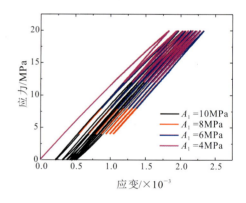

图 3-27 不同幅值循环荷载下岩石的应力-应变曲线

10MPa 时,第 7 个加载循环的残余应变从 0.000 507 减小到 0.001 65。对于给定的循环荷载,当频率固定时,如式(3-45)所示,平均加载率随振幅增加而增加。因此,即使这 4 种情况的最大加载应力相同,岩石的最大应变随着加载幅值的增加而略有下降。

加载幅值对岩样变形特性的影响也可以用岩石的微破裂机制来解释(Momeni et al., 2015)。在恒定的最大加载应力下,加载幅值越高,最小加载应力越低。因此,岩石内部原有的裂缝不易扩展,新裂缝产生的可能性也较小,相应的岩石损伤减少。此外,岩石中塑性区的发育主要受最大加载应力的影响,残余变形主要由相同最大加载应力的最小加载应力决定。因此,随着加载幅值的增加,岩石的最大应变略有减小,残余应变则减小。

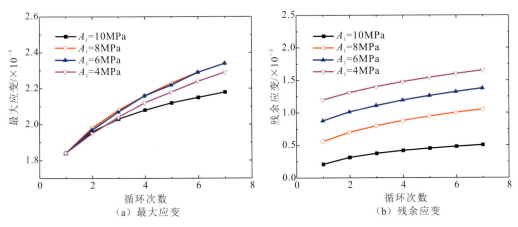

图 3-28 不同幅值循环荷载下岩石应变随加载次数的变化

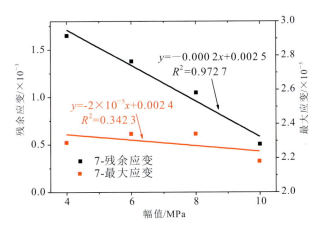

图 3-29 应变与幅值的关系

3.3.5 不同最大加载应力和幅值

以上内容分析了加载幅值和最大加载应力对岩石材料变形的影响,可以发现,变形与这两个因素的关系是相反的。因此,为进一步揭示岩石变形与这两个因素之间的关系,本节重点研究最大加载应力和加载幅值对岩石变形特性的共同影响,设计了 4 种条件,为保持平均加载应力,最大加载应力分别为 20MPa、18MPa、16MPa 和 14MPa,加载幅值和频率与上一节相同。

岩石试样在不同加载幅值循环荷载和最大加载应力下的应力-应变曲线如图 3-30 所示,可以看出,滞回圈面积随着最大加载应力和加载幅值的增加而增加,这与试验结果一致(Deng et al., 2017)。这种现象可归因于循环加载过程中产生的能量耗散增加。随着振幅和最大加载应力的增加,每个循环中产生的滞回圈面积增加,这意味着在加载和卸载过程中耗散的能量越来越多。不同最大加载应力和加载幅值循环荷载下岩石应变随加载次数的变化如图3-31所示。图3-32表明最大应变随加载幅值线性增加，残余应变随加载幅值线性下降，与图3-28中显示的结果不同。与图3-26中最大加载应力的影响相比，在考虑加载幅值和最大加载应力的共同影响时，最大应变的增长速率减小。然而，残余应变随着最大加载应力的增加呈线性下降，这与图3-26中的结果也有很大不同。因此，当考虑加载幅值和最大加载应力对岩石材料变形的综合影响时，加载幅值的增加减小了最大应变和残余应变的增长速率，使残余应变的趋势由增加变为减少。同时，最大加载应力的增加加大了最大应变和残余应变的增长速率。

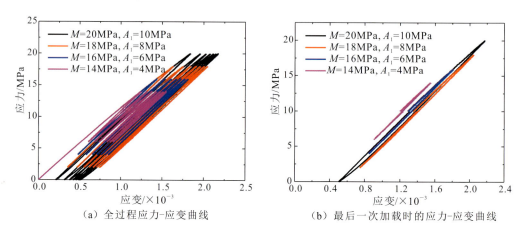

图3-30　不同最大加载应力和加载幅值循环荷载下岩石的应力-应变曲线

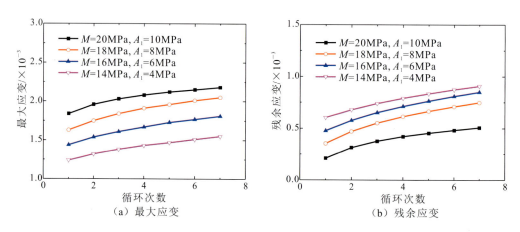

图3-31　不同最大加载应力和加载幅值循环荷载下岩石应变随加载次数的变化

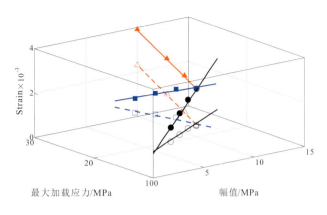

图 3-32 应变与加载幅值和最大加载应力的关系

3.4 分级和多级加载下岩石材料的力学性质数值分析

在岩石上进行的增幅循环加载试验结果表明,其变形特征与恒幅循环加载试验结果显著不同(Jia et al.,2018)。Liu 等(2012)认为频率对相同围压下岩石的动态变形、动态刚度和破坏模式有很大影响。Fuenkajorn 和 Phueakphum(2010)以及 Momeni 等(2015)进一步指出,岩石的疲劳强度和变形特性受循环加载特征参数的显著影响,包括输入加载波形、最大外加应力、振幅和频率。循环加载会降低材料的强度和弹性,这取决于加载幅度和每个循环中的最大施加载荷(Singh,1989;Ray et al.,1999;Bagde and Petroš,2005)。然而,大多数研究集中在恒定频率、恒定最小应力或恒定振幅分级循环加载下以及在恒定最小应力或恒定振幅的多级循环加载下岩石材料的变形特性,关于分级循环加载和多级循环加载机制(即频率、最小应力和振幅)下岩石材料的力学特性的研究很少。此外,岩石材料在分级循环加载、单级循环加载和多级循环加载下,变形模量、损伤和强度的差异尚不清楚,因此本节主要对不同加载参数的分级循环加载、单级循环加载和多级循环加载下岩石材料的力学特性进行了数值分析。

3.4.1 荷载类型

3.4.1.1 分级循环荷载

图 3-33 为分级循环荷载的加载应力时程图,其加载波形为三角波,加载类型分为恒定最小应力分级循环荷载(CMT)和等幅分层循环荷载(CAT),CMT 可分为恒定频率和最小

应力分级循环荷载（CFCMT）以及可变频率和恒定最小应力分级循环荷载（VFCMT）。对于 CFCMT，初始应力为 0MPa，第一阶段应力为 2MPa，然后应力以 2MPa 的增量增加，每个阶段的最小应力为 0MPa。采用反复循环加载和卸载，直到最终试样被破坏，每次加载和卸载频率均为 1Hz。对于 CAT，初始载荷、第一阶段应力和应力增量与 CFCMT 中使用的相同，每个卸载阶段的最小应力和最大应力之差为 2MPa。VFCMT 的初始载荷、各阶段最小应力、应力增量和加载循环次数与 CFCMT 相同，各级的频率有所变化，但每个时步的加载和卸载速率相同。为了便于比较，也用该本构模型模拟岩石试样在单调加载下的响应。

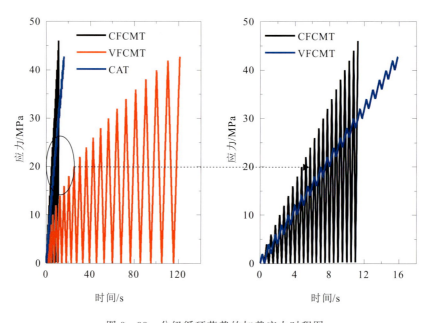

图 3-33　分级循环荷载的加载应力时程图

3.4.1.2　多级循环荷载

图 3-34 为多级循环荷载的加载应力时程图，其加载波形也是三角形，加载分为恒定最小应力多级循环荷载（CMM）和等幅多级循环荷载（CAM）。对于 CMM 和 CAM，试样编号分别命名为 A 和 B。对于 CMM，初始应力为 0MPa，第一级应力为 20MPa，然后应力以 5MPa 的增量增加。每级施加循环载荷 7 次，每级最小应力为 0MPa，采用反复循环加载和卸载，直到试件被破坏（每次加载和卸载频率为 1Hz）。CAM 的初始载荷、第一级载荷、应力增量、频率、每级循环次数与 CMM 相同，但每级振幅为 20MPa，每个级别 7 次循环后卸载至 0MPa。为研究岩石试样在多级循环加载和单级循环加载下响应的差异和关系，设计单级循环加载和多级循环加载方案，每级循环加载的应力相同。每个单级循环加载的频率为 1Hz，循环次数与多级循环加载的总循环次数相同，如表 3-5 所示。

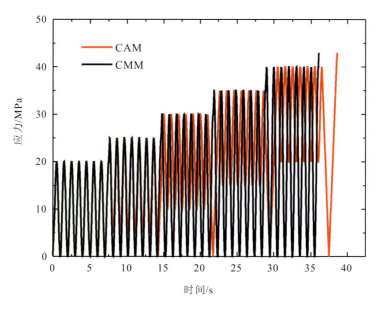

图 3-34 多级循环荷载的加载应力时程图

表 3-5 单级循环荷载的计算方案

岩石试样的标号	荷载类型	最大应力/MPa	最小应力/MPa	幅值/MPa
A1/B1	恒定最小应力循环载荷	20	0	20
A2		25	0	25
A3		30	0	30
A4		35	0	35
A5		40	0	40
B2	恒幅循环荷载	25	5	20
B3		30	10	20
B4		35	15	20
B5		40	20	20

3.4.2 理论分析

3.4.2.1 变形模量

循环加载下,在加载或卸载过程中塑性变形与弹性变形同时发生(Xin and Li,2016)。图 3-35 为岩石在分级循环荷载作用下的应力-应变曲线示意图。假设第 1 个、第 2 个、…、第 n 个施加的应力分别为 σ_{1+}、σ_{2+}、…、σ_{n+},卸载应力分别为 σ_{1-}、σ_{2-}、…、σ_{n-}。如果卸载应力在每个阶段保持不变,即 $\sigma_{1-} = \sigma_{2-} = \cdots = \sigma_{n-}$,则该荷载为 CMT。如果 $\sigma_{1+} - \sigma_{1-} = \sigma_{2+} - \sigma_{2-} = \cdots = \sigma_{n+} - \sigma_{n-}$,则为 CAT。如果第 1 次、第 2 次、…、第 n 次加载过程中岩石的应变分别为 ε_{1+}、ε_{2+}、…、ε_{n+},卸载应变分别为 ε_{1-}、ε_{2-}、…、ε_{n-},则岩石在第 n 个加载应力水平下的加载和卸载变形模量分别为(Xin and Li,2016):

$$E_{n+} = \frac{\sigma_{n+} - \sigma_{(n-1)-}}{\varepsilon_{n+} - \varepsilon_{(n-1)-}} \tag{3-49}$$

$$E_{n-} = \frac{\sigma_{n+} - \sigma_{n-}}{\varepsilon_{n+} - \varepsilon_{n-}} \tag{3-50}$$

式(3-49)和式(3-50)也可适用于多级循环载荷下变形模量的计算。

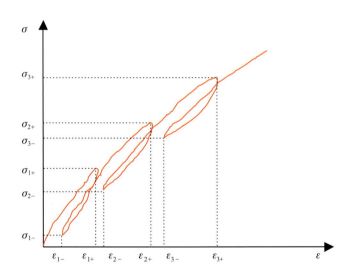

图 3-35　岩石在分级循环荷载下的应力-应变曲线示意图

3.4.2.2 损伤变量

Lemaitre 和 Chaboche(1990)基于应变等价假设提出经典损伤变量的定义如下:

$$D = 1 - \frac{E'}{E} \tag{3-51}$$

式中：E' 为损伤材料的弹性模量。

Xie 和 Ju(2008)指出，如果用这种方法来研究非弹性损伤材料，例如弹黏塑性材料的不可逆变形，是不完全正确的，因此提出了具有耦合塑性变形 ε^p 和损伤变形机制的弹塑性损伤定义如下：

$$D = 1 - \left(1 - \frac{\varepsilon^p}{\varepsilon}\right)\frac{\widetilde{E}}{E} \tag{3-52}$$

式中：ε 为总应变；$\widetilde{E}$ 为卸载变形模量。用式(3-52)可以计算岩石材料在循环荷载作用下的损伤。

3.4.3 分级循环荷载试验结果

3.4.3.1 恒定最小应力分级循环荷载试验

图 3-36(a)为恒定最小应力分级循环荷载和单调加载下岩石试样的应力-应变曲线。使用 Drucker-Prager 本构模型时，岩石试样在单调加载下的弹塑性强化阶段明显，采用该本构模型时能保证应力-应变曲线过渡平滑。从图中可以看出，当外加应力较小时，滞回圈面积较小。当施加的应力逐渐增加时，滞回圈的面积和宽度增加(Liang et al., 2012; Zhang et al., 2013; Meng et al., 2016)。对于恒定最小应力分级循环荷载试验，当后者加载应力超过前一个峰值加载应力时，应力-应变曲线显示出与单调加载相同的趋势，但曲线的斜率小于单调加载下曲线的斜率。在加载初期，CFCMT 和 VFCMT 下的应力-应变曲线、最大应变和不可逆变形相似。当外加应力约为 24MPa 时，VFCMT 下的应力-应变曲线斜率、滞回圈的面积和宽度均小于 CFCMT，而 VFCMT 下的最大应变和残余应变均要比 CFCMT 下的大。随着外加应力的增加，这两种情况下的单调曲线斜率、滞后回线的面积和宽度、最大应变和残余变形的差异逐渐增大，但当岩石试样不能承受更大的应力时，CFCMT 下的最大应变和残余变形大于 VFCMT，如图 3-36(b)和图 3-36(c)所示。

图 3-36(d)显示了恒定最小应力分级循环荷载试验下岩石试样的变形模量与加载循环次数之间的关系。可以看出，变形模量随着加载循环次数的增加而减小，而且在不同荷载形式下，变形模量随着加载循环次数的变化是不相同的。首先，CFCMT 下的变形模量小于 VFCMT 下的变形模量。当加载循环次数增加时，CFCMT 下的变形模量逐渐变得大于 VFCMT 下的变形模量。对于相同的循环次数，岩样的卸载变形模量大于加载变形模量。

图 3-36(e)为恒定最小应力分级循环荷载试验下岩石试样损伤变量与加载应力的关系曲线，随着外加应力的增加，岩石试样的损伤变量呈近似倒"s"形增长趋势[类似 Yang 等(2017)获得的结果]。在外加应力达到 10MPa 之前，损伤变量迅速增加，然后损伤变量保持相对稳定、缓慢增长。最后，当外加应力达到 36MPa 时，损伤变量再次迅速增加，直到达到峰值应力。此外，CFCMT 下的损伤变量比 VFCMT 下的小。随着外加应力的增加，这两种不同类型载荷下损伤变量的偏差也随之增大。

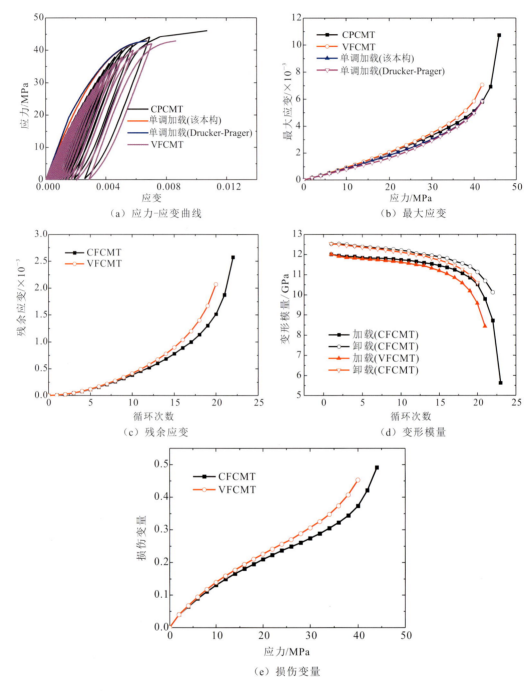

图 3-36 恒定最小应力分级循环加载试验下的结果

3.4.3.2 恒定最小应力分级循环加载与恒定频率和最小应力分级循环加载试验的结果对比

图 3-37(a)为 CAT 和 CFCMT 下岩石试样的应力-应变曲线,随着外加应力的逐渐增

加,在 CAT 下使用该本构模型时,岩石试样的滞回圈总是很小,因为加载幅度小。采用 Drucker-Prager 屈服准则时,应力-应变曲线与单调加载下的应力-应变曲线相似,加载和卸载曲线相同,说明 Drucker-Prager 屈服准则不能反映岩石材料在不同荷载形式下的不同力学性质。与 CFCMT 下的应力-应变曲线一样,当后面施加的应力超过前一个峰值加载应力时,应力-应变曲线呈现出与单调加载下相似的趋势,并且 CAT 下的曲线斜率也小于单调加载下的曲线斜率(Liang et al.,2012)。在加载初期,CFCMT 下的应力-应变曲线与 CAT 下的应力-应变曲线几乎相同。当外加应力约为 12MPa 时,CAT 下的最大应变首先超过 CFCMT 下的最大应变。随着外加应力的增加,这两种载荷下的最大应变差逐渐增大,直至外加应力达到 30MPa。此后,当施加的应力增加时,最大应变的差异逐渐减小。当外加应力达到 42MPa 时,CAT 和 CFCMT 下岩石试样的最大应变相同。这表明岩石中的最大应变是由低应力状态下的应力大小决定的。在高应力下,最大应变不仅受应力的影响,还与加载幅度有关,幅度的影响随着应力的增加而逐渐增大(Liang et al.,2012),如图 3-37(b)所示。

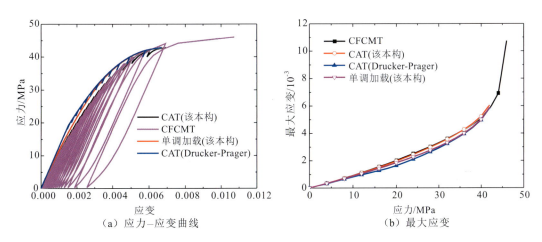

图 3-37 恒定最小应力分级循环加载与恒定频率和最小应力分级循环加载试验结果

3.4.4 多级循环荷载试验结果

3.4.4.1 应力-应变曲线和变形

各岩样在多级循环加载和单调加载下的应力-应变曲线如图 3-38(a)所示。低应力水平下的滞回圈间距比高应力下的滞后回线间距小得多,并且塑性变形随着载荷循环次数的增加而增加。随着施加应力的增加,塑性变形增量增加(Liu et al.,2014)。在每次卸载和加载过程后,应力-应变曲线趋于沿单调加载曲线上升,直至施加到岩石上的应力超过前一周期的峰值应力。由于循环加载的作用,岩样后期的应力-应变曲线与单调加载下的应力-应变曲线相比存在较大偏差。因此,在相同应力下,试样在多级循环加载下的最大应变大于单调加载下的最大应变,如图 3-38(e)所示。这表明加载循环次数对岩石材料在高应力循环加载下变形的影响不可忽视(Liu et al.,2014)。与 CAM 相比,CMM 下岩石试样滞回圈的尺寸和面积更大。此外,随着应力的增加,这两种加载模式下滞回圈的尺寸和面积的差距变得更大。当岩样受到相同应力时,在 CMM 和 CAM 下,每个应力水平下的最大应变几乎相同,但在每个循环中略有不同,如图 3-38(e)所示。原因可能是 CAM 下的岩石在预加载期间每个卸载过程没有释放足够的弹性应变能。在第 4 级加载之前,CAM 下岩样的残余变形大于 CMM 下的残余变形。在第 5 级加载后,CMM 下的残余变形大于 CAM 下的残余应变,如图 3-38(f)所示。这一事实再次印证了在中、低应力下,循环载荷幅值越小,岩石材料不可逆变形越小,但高应力增大了循环载荷幅值对岩石材料不可逆变形的影响(Liu et al.,2014)。

图 3-38(b)和图 3-38(c)分别为 A~A5 和 B~B5 岩样在多级循环加载和单级循环加载下的应力-应变曲线,其中 A 和 B 代表多级循环载荷下的试样;A1~A5 和 B1~B5 代表单级循环荷载下的试样。图 3-38(d)显示了岩石试样 A~A5 在每个应力水平下相同数量加载循环的单个滞回圈。可以看出,应力越大,滞回圈越大,单级循环加载下的不可逆变形也越大。多级循环加载下岩石试件滞回圈的大小与对应的单级循环加载下的大小相似,如 A 试样第 5 级加载的第 7 个滞回圈和 A5 试样第 35 个滞回圈。这表明不同的加载类型,无论是单级循环加载还是多级循环加载都不会影响滞回圈的大小,但会影响不可逆变形,如图 3-38(g)和图 3-38(h)。当加载循环次数增加时,相应的残余应变增加,在给定的循环次数下,恒定最小应力循环加载下的不可逆变形大于 A 试样在相同应力下的不可逆变形。随着应力的增加,这两种加载方式下不可逆变形的差异增大,但 A 试样在每个应力水平下不可逆变形的平均斜率与相同应力下恒定最小应力循环加载下的平均斜率相同。例如,图 3-38(g)中 A 试样在第 5 级外加载下残余应变曲线的平均斜率为 0.000 307,A5 试样不可逆变形的平均斜率为 0.000 297。同样,在试样 B~B5 中也看到了相同的现象(Shi et al.,2014),如图 3-38(h)所示。这表明加载方式,如单级循环加载和多级循环加载,会影响岩石材料不可逆变形的绝对值大小,但对残余应变的平均增加率几乎没有影响。

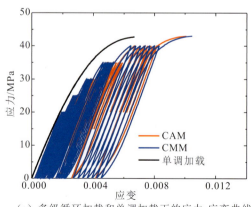

(a) 多级循环加载和单调加载下的应力-应变曲线

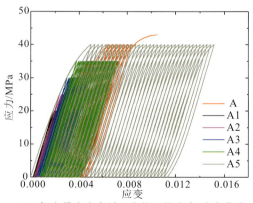

(b) 恒定最小应力循环荷载下的应力-应变曲线

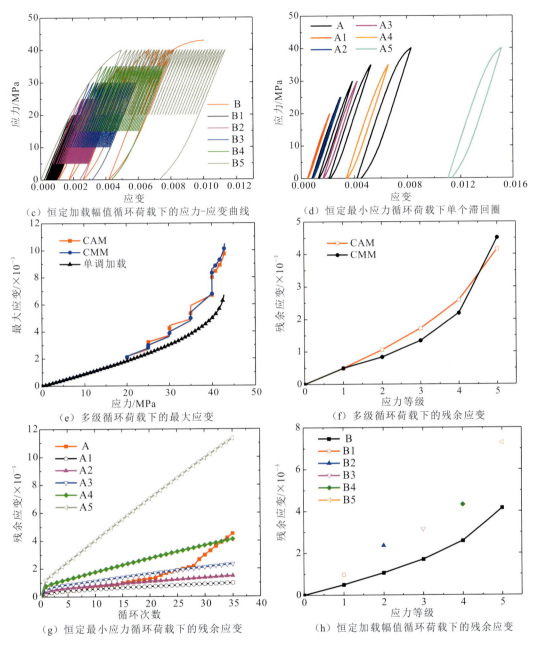

图 3-38 单级和多级循环荷载下的应力-应变曲线

3.4.4.2 变形模量和损伤变量

图 3-39(a)显示了在多级循环加载下,A、B 试样的加载和卸载变形模量随加载循环次数的变化。仅计算 B 在每一阶段最后一个循环的卸载变形模量,因为 B 的卸载应力在每个应力水平上都不为零。可以看出,无论是在 CMM 还是在 CAM 下,岩石试样的加载变形模

量总是小于卸载变形模量。在第一级加载的初始阶段和最后一级加载时,加载变形模量和卸载变形模量之间的差异最大。随着外加应力的增加,岩石试样的变形模量呈下降趋势,这与Jia等(2018)的砂岩研究结果一致。当加载到各个应力水平时,在CMM下的卸载变形模量保持不变,但加载变形模量略有增加。在恒定最小应力循环加载下,加载变形模量在初始阶段随着加载循环次数的增加而逐渐增加,然后保持稳定,而卸载变形模量在初始阶段随着加载循环次数的增加而逐渐减小,然后保持稳定,这与其他岩盐结果几乎一致(Ma et al.,2013)。外加应力峰值越高,加载变形模量和卸载变形模量就越小,在CMM下各应力水平的加载变形模量和卸载变形模量与相应的恒定最小应力循环加载下的加载变形模量和卸载变形模量相似,如图3-39(b)和图3-39(c)。在恒幅循环载荷作用下,初始阶段加载变形模量随着加载时间的增加而逐渐增大,之后保持稳定,施加的峰值应力越大,加载变形模量越小。B试样在第一级的加载变形模量与B1试样相同,但随着应力的增加,B试样的加载变形模量小于B1试样,应力越大,这两种加载模式下加载变形模量的差异越大[图3-39(d)]。在不同峰值应力恒幅循环加载下卸载变形模量随着应力循环次数几乎呈线性下降,这与CAM每个应力下的卸载变形模量相似[图3-39(e)]。

图3-39(f)为多级循环加载下岩样损伤变量与加载应力水平的关系。损伤变量在第一个应力等级快速增加,然后随着施加的应力增加而稳定、缓慢增长,Liu等(2014)在岩盐试验中也观察到了类似的行为。从图3-39(f)可以看出,从第二个应力等级开始,CMM下岩石试样的损伤变量小于CAM下的损伤变量。随着施加应力的增加,这两种状态下的损伤变量之间的差距越来越大,但在第五应力等级下,A试样的损伤变量与B试样的损伤变量相似。图3-39(g)和图3-39(h)分别显示了在多级循环加载和单级循环加载下损伤变量随加载循环次数和应力等级的变化。在恒定最小应力循环载荷下,峰值应力越大,初始损伤变量越大。施加的应力越大,在每个峰值应力恒定最小应力循环载荷和CMM下试样损伤变量的差异就越大。在每个峰值应力恒定最小应力循环载荷和CMM下试样损伤变量的差异大多在0.15~0.20之间。多级循环载荷下损伤变量的变化可以用微裂纹来解释(Li et al.,2017)。

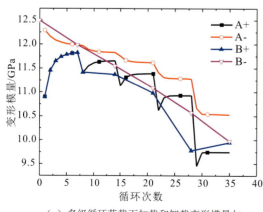

(a) 多级循环荷载下加载和卸载变形模量与循环次数关系

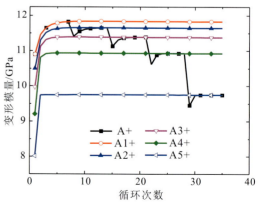

(b) 恒定最小应力循环荷载下加载变形模量与循环次数关系

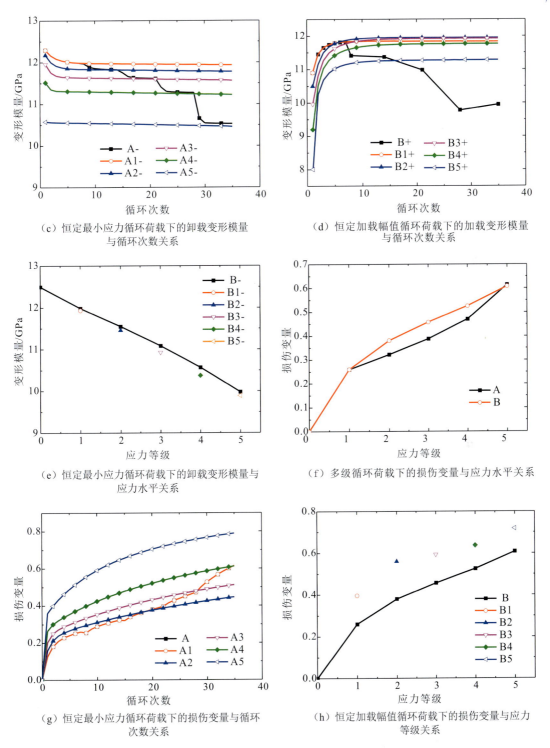

图 3-39 单级和多级循环荷载下岩石试样变形模量和损伤变量与循环次数和应力等级关系

3.4.5　不同荷载形式下的岩石强度特征

岩样在单调加载、分级循环加载和多级循环加载下的峰值强度与最大应变见表 3-6。可以看出，CAT 不同加载方式和单调加载，使用不同本构模型时，岩石试样的峰值强度为 42.80MPa。岩样在多级循环荷载作用下的峰值强度则增加到 43.00MPa，CFCMT 的极限强度增加到 46.05MPa，这说明高频、高振幅循环加载可以增强岩石材料的强度，但多次循环加载在一定程度上也会减弱高频、高振幅加载对岩石强度的增强作用（Zhou et al., 2015; Fu, 2017）。同样，除了分级循环加载和多级循环加载外，不同本构模型和不同加载方式下岩石试样的最大应变在 0.006 71～0.006 94 之间，因为在 CFCMT 和多级循环加载下岩石强度增加，变形自然大于其他条件。对于 VFCMT，加载频率随着应力的增加而逐渐降低，因此不会提高岩石的强度，但 VFCMT 的加载幅度对损伤的影响比单调加载和 CAT 的影响更严重。因此，强度不增加而是变形增加，这意味着低频、高振幅的循环加载会使岩石材料产生更大的变形。

表 3-6　岩石试样在不同荷载下的强度特性

荷载类型	本构模型	最大应变/10^{-3}	峰值强度/MPa
单调加载	该本构模型	6.75	42.80
	Drucker-Prager 本构模型	6.71	42.80
CFCMT	该本构模型	10.75	46.05
VFCMT	该本构模型	8.68	42.80
CAT	该本构模型	6.94	42.80
	Drucker-Prager 本构模型	6.71	42.80
CAM	该本构模型	10.08	43.00
CMM	该本构模型	10.48	43.00

第 4 章 地震作用下岩石材料率效应与损伤效应的相互关系

在石油和天然气等资源的开采过程中,诱发地震和自然地震会使岩石地下工程处于危险的破坏状态。第 2 章已经详细阐述了地震荷载的形式可被认为是动态循环荷载。一般来说,岩石材料承受动载荷时,应变率对岩石材料的力学性能有显著影响(如强度和模量等),同时,岩石材料在循环载荷作用下会产生损伤;在建立岩石材料在动态循环载荷作用下的强度表达式时,需要考虑动态强度与损伤变量和应变率之间的关系。现有的文献主要关注恒幅循环荷载作用下循环荷载频率与岩石力学参数的关系以及岩石材料破坏模式,而对不同应变率循环荷载作用下岩石破坏过程的损伤演化规律研究较少(Cao et al.,2019),并且忽略了在循环加载时加载频率对疲劳性能的影响(Wang et al.,2016)。此外,尚不清楚加载频率是否影响以及如何影响动态循环加载下岩石材料的强度演变(Okada and Naya,2019)。换言之,动态循环载荷作用下岩石材料的动态强度和应变率与损伤之间的关系尚不清楚。因此,本章主要分析和阐述动态荷载以及动态循环荷载下岩石材料率效应与损伤效应的相互关系。

4.1 动态荷载下岩石材料率效应与损伤效应的相互关系

本节主要分析岩石材料在动态单轴压缩下变形和破坏过程中发生的能量转换,以及应变率对损伤的影响。首先从热力学理论的角度分析了 9 种岩石材料在不同应变率动态单轴压缩下的应变能和破坏机制,然后对这些岩石材料在不同应变率下的损伤演化进行了分析。此外,还阐明了峰值强度下的归一化损伤因子(NDF)与应变率之间的关系。最后,提出了一种快速判断应变率对岩石材料损伤影响的方法。

4.1.1 应变能和损伤演化

4.1.1.1 应变能

根据热力学第一定律,总吸收应变能密度 U 可表示为:

$$U = U_d + U_e \quad (4-1)$$

式中:U_d 为塑性变形或裂纹扩展通常消耗的应变能密度;U_e 为可释放的弹性应变能密度。图 4-1 说明了单轴压缩过程中 U_d 和 U_e 之间的关系(Xie et al.,2005)。根据热力学理论,U_d 是不可逆的,而 U_e 在一定条件下是可逆的。在单轴压缩试验中,应变能密度表示为:

$$U = \int_0^\varepsilon \sigma d\varepsilon \quad (4-2)$$

$$U_e = \frac{1}{2}\sigma\varepsilon^e = \frac{1}{2E_u}\sigma^2 \approx \frac{1}{2E_0}\sigma^2 \quad (4-3)$$

式中:σ 为轴向应力;ε 为轴向应变;ε^e 为弹性应变;E_u 为卸载弹性模量,由于在单轴压缩试验中未进行卸载过程,因此采用初始弹性模量 E_0 代替(Li et al.,2014)。

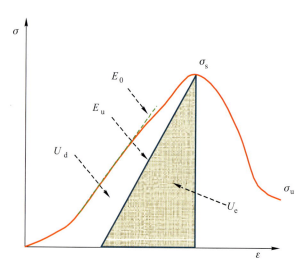

图 4-1 岩石材料的应力-应变曲线和应变能

1. 不同应变率下的应变能

不同应变率下各种岩石材料的吸收应变能密度 U 和耗散应变能密度 U_d 变化如图 4-2 所示。可以发现,对于所有岩石材料,随着应变的增加,U 逐渐增加,应变率越大,U 越大。研究发现,有裂纹的试样吸收更多的能量形成新的小裂缝,进而产生更多的断裂面和更多的碎片,从而使岩石材料的强度增加(Li et al.,2014;Liang et al.,2015)。然而,U_d 的情况与 U 的情况不同。对于某些岩石材料,例如混凝土(Xie et al.,2013)、泥岩(Xie et al.,2013)和砂岩(Xie et al.,2013),U_d 也随着应变的增加而增加。而对于其他岩石材料,在应力达到峰值强度之前,U_d 基本保持不变,如图 4-2(a)、(c)、(g)和(i)所示。一旦应力达到峰值强度之后,U_d 迅速增加。此外,对于石英片岩(Liu et al.,2011)和砂岩(Gong et al.,2019),当应变较小时,U_d 增长缓慢。如果应变达到一定值,U_d 迅速增加,然后在接近损伤阈值后缓慢增长。因此 U_d 随应变的变化可分为 3 类:"L"形、近似线性和"S"形。

第4章 地震作用下岩石材料率效应与损伤效应的相互关系

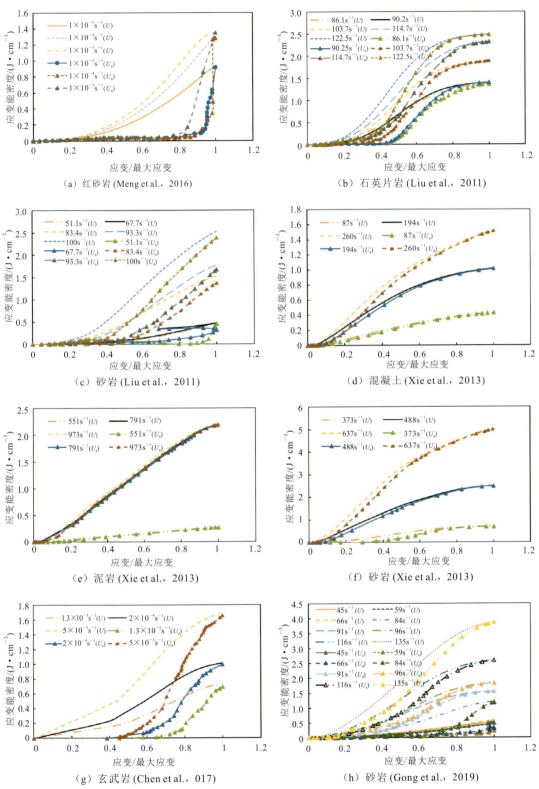

(a) 红砂岩 (Meng et al., 2016)

(b) 石英片岩 (Liu et al., 2011)

(c) 砂岩 (Liu et al., 2011)

(d) 混凝土 (Xie et al., 2013)

(e) 泥岩 (Xie et al., 2013)

(f) 砂岩 (Xie et al., 2013)

(g) 玄武岩 (Chen et al., 017)

(h) 砂岩 (Gong et al., 2019)

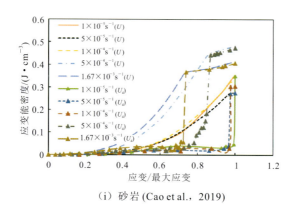

(i) 砂岩（Cao et al.，2019）

图 4-2　各种岩石材料应变能密度与相对应变之间的关系

2. 峰值强度时的应变能

图 4-3 显示了岩石材料在峰值强度时应变能密度及其比值与应变速率的关系。可以看出，对于每种岩石材料，应变能密度随应变速率的变化是不同的。对于红砂岩（Meng et al.，2016），如果应变率低于某个值（$5×10^{-4}s^{-1}$），吸收应变能密度 U 和弹性应变能密度 U_e 都随着应变率的增加而增加，但耗散应变能密度 U_d 保持不变。然而，对于泥岩（Xie et al.，2013），吸收应变能密度 U 和耗散应变能密度 U_d 随着应变速率的增加而增加，但如果应变速率小于 $800s^{-1}$，弹性应变能密度 U_e 却保持不变。如果应变率超过一定值，随着应变率的增加，泥岩（Xie et al.，2013）的 U 和 U_d 会显著降低，而 U_e 则略有增加。如图 4-3（a）所示，红砂岩（Meng et al.，2016）的所有应变能都接近恒定，与应变率无关。在图 4-3（b）和图 4-3（i）中，对于应变率小于 $90s^{-1}$ 的石英片岩（Liu et al.，2011）或应变率小于 $5×10^{-5}s^{-1}$ 的砂岩（Cao et al.，2019），这两种岩石的所有应变能都会随着应变率而降低。当应变率处于在 $90s^{-1}$ 到 $115s^{-1}$ 的范围内，对于石英片岩（Liu et al.，2011），U 和 U_d 随应变速率增加而 U_e 保持不变。对于砂岩（Cao et al.，2019），当应变率处于 $5×10^{-5}s^{-1}$ 到 $5×10^{-4}s^{-1}$ 范围内，U 和 U_e 随应变率增加而增加，而 U_d 却保持不变。当应变速率超过 $115s^{-1}$ 时，石英片岩（Liu et al.，2011）的 U 保持不变，而 U_d 和 U_e 随着应变率的变化显示出相反的趋势。当应变速率大于 $5×10^{-4}s^{-1}$ 时，砂岩（Cao et al.，2019）所有应变能都与应变率无关。从图 4-3（c）、(d)、(f)、(g) 和 (h) 可以看出，这些岩石材料的所有应变能一般都随着应变率而增加，但这些岩石材料的变化趋势是不同的。对于砂岩（Liu et al.，2011；Xie et al.，2013；Gong et al.，2019）和玄武岩（Chen et al.，2017），当应变率较小时，所有应变能的变化率也小，随着应变率的增加，变化率会增加。但是混凝土（Xie et al.，2013）的应变能却与之不同，其所有应变能首先随着应变率迅速增加，然后缓慢增加。由于吸收应变能密度 U 由 U_d 和 U_e 组成，U_e 和 U_d 与 U 的比值变化总是相反的，因此，我们只分析 U_e 与 U 的比值随应变率的变化趋势。可以看出，U_e 与 U 的比值随应变率的变化在每种岩石材料中是不同的，例如随着应变率的

增加,红砂岩(Meng et al.,2016)和砂岩(Cao et al.,2019)U_e 与 U 的比值保持不变。而对于砂岩(Liu et al.,2011;Xie et al.,2013)和玄武岩(Chen et al.,2017),U_e 与 U 的比值一般随着应变速率的增加而减小。此外,从图 4-3(b)和图 4-3(h)中可以看出,U_e 与 U 的比值随应变速率的变化更复杂。

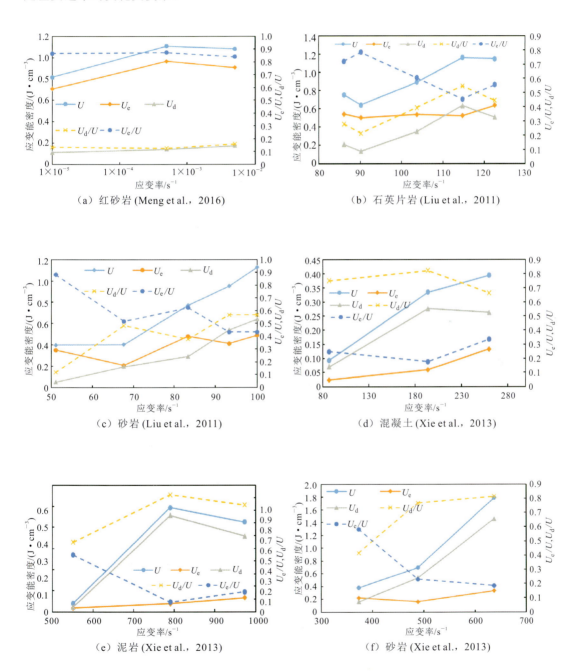

(a) 红砂岩(Meng et al.,2016)

(b) 石英片岩(Liu et al.,2011)

(c) 砂岩(Liu et al.,2011)

(d) 混凝土(Xie et al.,2013)

(e) 泥岩(Xie et al.,2013)

(f) 砂岩(Xie et al.,2013)

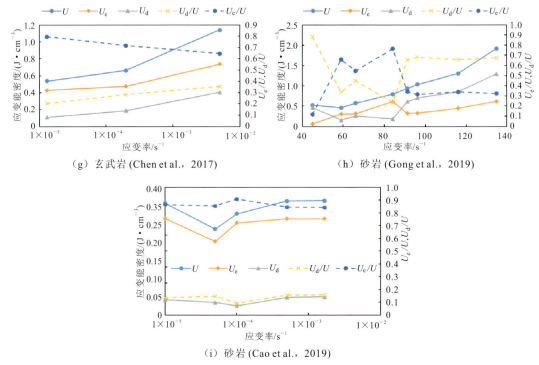

(g) 玄武岩(Chen et al., 2017)　　(h) 砂岩(Gong et al., 2019)

(i) 砂岩(Cao et al., 2019)

图 4-3　岩石材料在峰值强度时应变能密度及其比值与应变速率的关系

4.1.1.2　岩石破坏力学机制分析

根据热力学定律,岩石的破坏是能量转换共同作用的结果,储存在岩石中的应变能的释放是岩石突然破坏的内在原因(Xie et al., 2005)。根据上节中 U_d 的分类,以及给定材料在不同应变率下能量特性的相似性,图 4-4 展示了具有代表性的应变能转换过程,如在应变率下 $5×10^{-3}s^{-1}$ 的红砂岩(Meng et al., 2016)、应变率为 $260s^{-1}$ 的混凝土(Xie et al., 2013)和应变率为 $116s^{-1}$ 的砂岩(Gong et al., 2019)的破坏过程。从图 4-4(a)中可以看出,在单轴压缩过程中,红砂岩试样在应力达到峰值强度之前,吸收的总应变能主要以弹性应变能的形式储存,耗散的应变能保持不变。由于岩石中微裂纹的不稳定扩展,耗散的应变能在峰值附近开始增加。一旦应力达到峰值强度,岩石中的弹性应变能迅速释放,耗散的应变能迅速增加,然后裂纹穿透材料。对于混凝土试样[图 4-4(b)],在屈服之前的阶段,U 主要不是作为 U_e 存储在试样中,因为 U_e 的值几乎与 U_d 的值相同。在峰值点,混凝土的 U_d 大于 U_e。在混凝土的后屈服阶段,弹性应变能缓慢释放,耗散的应变能接近 U。在图 4-4(c)中,可以看出砂岩(Gong et al., 2019)应变能密度的变化与红砂岩(Meng et al., 2016)相似,但有一些区别,即随着应变增加,总吸收应变能密度也随之增加,直至达到峰值强度,此时 U_d 大于 U_e,但它们之间的差异小于混凝土(Xie et al., 2013),此外,此时 U 与 U_d 的差值达到最大值。因此,根据岩石材料的应力-应变曲线,也可以总结出描述应变能变化的 3 种模型:如果应力与应变的关系最初是线性(或准线性),直到应力增加到一定值时,应力-应变曲线开始向下变化,如果下降幅度较大,岩石材料应变能密度的变化过程类似于图4-4(c)所示的曲线;否则,图4-4(b)更好地显示了岩石材料中应变能密度的变化过程;如果应力较低时,应力-应变曲线向上弯曲,当应力增加到一定值时,应力-应变曲线逐渐变为直线,直至试样破坏,则图4-4(a)可显示这种岩石材料应变能密度的变化过程。

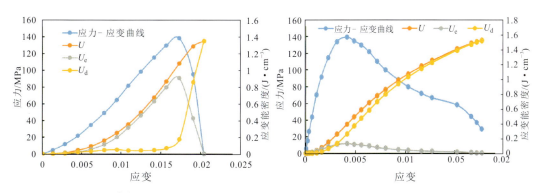

(a) 应变率为 $5×10^{-3}s^{-1}$ 的红砂岩(Meng et al.,2016)　　(b) 应变率为 $260\ s^{-1}$ 混凝土(Xie et al.,2013)

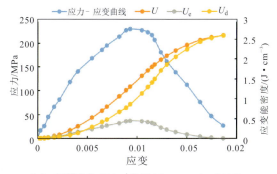

(c) 应变率为 $116\ s^{-1}$ 砂岩(Gong et al.,2019)

图4-4　岩石材料应变能密度变化全过程和应力-应变曲线

4.1.1.3　损伤变量和演化过程

1. 损伤变量

岩石的损伤变量已使用许多参数定义,例如节理间距、杨氏模量、屈服应力、波速和声发射事件计数(Liu et al.,2016;Liu et al.,2018)。由热力学定律可知,能量耗散是岩石变形破坏的本质属性,它反映了岩石中微缺陷的不断发展及强度的减弱和最终强度的丧失。能量耗散与破坏和强度损失直接相关,耗散量反映了原始强度衰减的程度。因此,有研究者提出以能量耗散为基础来定义岩石的损伤变量,认为它可以准确反映岩石力学性质的变化(Ye and Wang,2001)。Jin 等(2004)将损伤变量定义如下:

$$D = \frac{U_d}{U} \tag{4-4}$$

Xie 等(2005)指出,将单元强度的损失定义为内聚力的损失,即岩体单元在经历一定的能量耗散后内部损伤达到最大值,微观结构的内聚力完全丧失。因此,基于式(4-4),提出损伤变量的新定义如下:

$$D = \frac{U_d}{U}\left(1 - \frac{\sigma_u}{\sigma_s}\right) \tag{4-5}$$

式中:σ_s 为峰值强度;σ_u 为残余强度。

2. 损伤演化过程

根据对这些岩石单轴压缩试验的结果,分别计算出了这9种岩石在不同应变率下的损伤变量,如图4-5所示。与 U_d 的变化趋势一样,岩石材料中损伤变量与相对应变的变化曲线也可分为3类:"L"形、近似线性和"S"形。当然,同一岩石在不同应变率下的损伤演化曲线也表现出多种形式[如图4-5(h)和图4-5(f)所示]。根据图中所示,红砂岩(Meng et al.,2016)、砂岩(Liu et al.,2011)、玄武岩(Chen et al.,2017)和砂岩(Cao et al.,2019)的损伤演化可由"L"形图描述。在加载阶段开始时,这类岩石的损伤变量大多小于0.1,可以忽略不计。如果相对应变大于某个值,例如应变率为 $5\times10^{-3}\,s^{-1}$ 时红砂岩损伤变量为0.8(Meng et al.,2016),应变率为 $5\times10^{-4}\,s^{-1}$ 时红砂岩损伤变量为0.7(Cao et al.,2019),损伤变量迅速增加,直到岩石破坏。对于不同应变率下的岩石,该值不是常数,如图4-5(a)、(c)、(g)、(i)所示,应变率越大,该数值越小。顾名思义,近似线性类型的损伤变量随着相对应变的增加而增加,然而应变率与损伤变量却没有关系,如图4-5(d)、(e)和(f)所示。对于混凝土(Xie et al.,2013),应变率为 $194\,s^{-1}$ 时的损伤变量总是大于其他应变率下的损伤变量,而泥岩(Xie et al.,2013)的损伤变量在应变率为 $791\,s^{-1}$ 始终小于其他应变率下的值。与"L"形岩石材料不同,"S"形岩石的损伤演化经历了3个阶段(即比"L"形地块多一个阶段)。"S"形岩石特征的第一、第二阶段虽然与"L"形图的相似,但在两阶段的大小和损伤变量的增加变化率上有明显的区别。此外,损伤变量在第三阶段几乎保持不变,如图4-5(b)和图4-5(h)所示。同样,应变率与"S"形岩石的损伤变量无关。

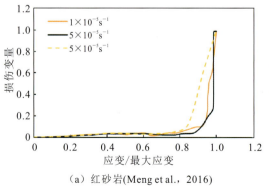

(a) 红砂岩(Meng et al., 2016)

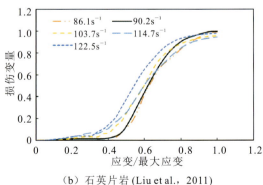

(b) 石英片岩(Liu et al., 2011)

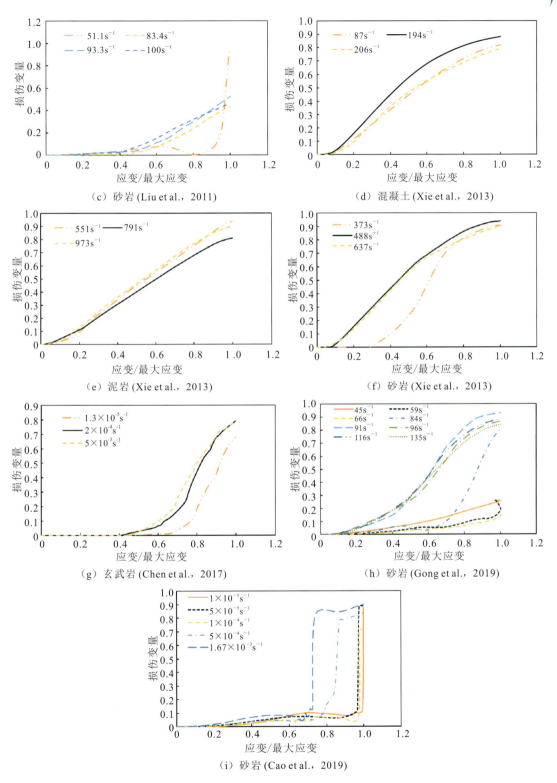

图 4-5 损伤变量和相对应变的关系

4.1.2 应变率和损伤的关系

上述内容已经研究了每种岩石材料在不同应变率下的应变能,基于应变能,还研究了不同应变率下的损伤演化。因此,为了揭示损伤与应变率之间的关系,分析了每种岩石材料峰值强度下的归一化损伤因子(NDF)与应变率对数的关系,如图 4-6 所示。选择 $1\times10^{-5}\,\mathrm{s}^{-1}$ 的应变率作为静态应变率,此时 NDF 为 1。由于一些中高应变率岩石材料缺乏 $1\times10^{-5}\,\mathrm{s}^{-1}$ 应变率的数据,遵循和仿照动态增强因子模型(Grady and Kipp,1980;Hao and Hao,2013),假设这些岩石材料的初始 NDF 为 1.2。岩石材料在中低应变率下动态增强因子的变化与中高应变率下不同,因此分别分析中低应变率下、中高应变率下以及整个应变率范围如图 4-6(a)、(b)和(c)所示。我们发现玄武岩(Chen et al.,2017)的 NDF 随应变率的增加而增加,但红砂岩(Meng et al.,2016)的 NDF 在任何中低应变率下几乎没有变化。此外,如果应变率小于 $1\times10^{-4}\,\mathrm{s}^{-1}$,NDF 一般与砂岩(Cao et al.,2019)应变率的对数呈负线性关系,然后 NDF 也随着应变率的增加而增加。在图 4-6(b)中,很难找到任何岩石材料在中低应变率下 NDF 与应变率之间的关系。对于全应变率范围内的所有岩石材料,虽然中低应变率下的平均 NDF 小于中高应变率下的平均 NDF,但仍有许多岩石材料在中高应变率下的 NDF 小于 1。

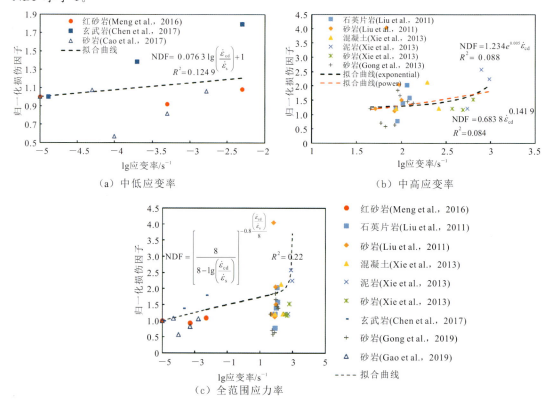

(a) 中低应变率

(b) 中高应变率

(c) 全范围应力率

图 4-6 岩石材料峰值强度下归一化损伤因子与应变率对数的关系

为了描述峰值强度下 NDF 与应变率之间的关联,基于动态增强因子模型应用了岩石材料的半经验速率相关方程。对于岩石材料的动态增强因子模型,Zhao 等(1999)认为中低应变率下岩石材料的强度可以表示为:

$$\sigma_{cd} = a\lg\left(\frac{\dot{\varepsilon}_{cd}}{\dot{\varepsilon}_s}\right) + \sigma_s \quad (4-6)$$

式中:σ_{cd}、σ_s 分别为动态强度和静态强度;a 为材料参数;$\dot{\varepsilon}_s$ 为静态应变率;$\dot{\varepsilon}_{cd}$ 为应变率。如果应变率超过 1s^{-1},岩石的动态强度与应变率之间的关系遵循幂函数和指数函数(Grady and Kipp,1980;Liu,1980):

$$\sigma_{cd} = be^{c\dot{\varepsilon}_{cd}} \quad (4-7)$$

$$\sigma_{cd} = d\dot{\varepsilon}_{cd}^{e} \quad (4-8)$$

式中:b、c、d 和 e 为材料参数。对于在全应变率范围内的动态增强因子模型,分段函数用于中低应变率情况下的一个模型,以及高应变率情况下的另一个模型。由于拟合公式的不一致,很容易造成连接处拟合数据的状态发生突变,从而导致较大的误差(Gong et al.,2018)。因此,Gong 等(2018)提出了全应变率范围内统一的动态增强因子模型:

$$\text{DIF} = \left[\frac{f}{f - \lg\left(\frac{\dot{\varepsilon}_{cd}}{\dot{\varepsilon}_s}\right)}\right]^{1-g\frac{\lg\left(\frac{\dot{\varepsilon}_{cd}}{\dot{\varepsilon}_s}\right)}{f}} \quad (4-9)$$

式中:DIF 为动态增强因子;f、g 为材料参数。基于动态增强因子模型,在不同应变率范围内这些岩石材料在峰值强度下的 NDF 与应变率之间的关系半经验率相关方程(通过拟合)可表示为:

$$\text{NDF} = 0.076\,3\lg\left(\frac{\dot{\varepsilon}_{cd}}{\dot{\varepsilon}_s}\right) + 1,\dot{\varepsilon}_{cd} < 1 \quad (4-10)$$

$$\text{NDF} = 1.234e^{0.000\,5\dot{\varepsilon}_{cd}},\dot{\varepsilon}_{cd} \geqslant 1 \quad (4-11)$$

$$\text{NDF} = 0.683\,8\dot{\varepsilon}_{cd}^{0.141\,9},\dot{\varepsilon}_{cd} \geqslant 1 \quad (4-12)$$

$$\text{NDF} = \left[\frac{8}{8 - \lg\left(\frac{\dot{\varepsilon}_{cd}}{\dot{\varepsilon}_s}\right)}\right]^{1-0.8\frac{\lg\left(\frac{\dot{\varepsilon}_{cd}}{\dot{\varepsilon}_s}\right)}{8}} \quad (4-13)$$

图 4-6 表明拟合曲线不能准确描述 NDF 与应变率之间的关系,原因是这些拟合曲线的确定性系数分别为 0.124 9、0.088、0.084 4 和 0.22。因此可以看出,岩石材料 NDF 几乎与应变率无关。为了进一步分析损伤与应变率之间的关系,分析了所有岩石材料的 NDF 与应变率之间的相关性。结果表明,它们之间的相关系数为 0.332。基于上述结果,认为岩石材料的损伤与应变率之间没有明显的关系。

4.1.3 一种判断应变率对岩石损伤影响的简单方法

关于初始切线模量和临界应变(最大应力的应变)是否应随应变率变化,出现了一些混淆,基于这方面的研究和总结,Zhang 和 Zhao(2014)提出了 3 个示意图表示岩石材料在单轴压缩下应变率对应力-应变曲线的影响(图 4-7)。一是初始切线模量和临界应变随着应变速率的增加而增加;二是初始切线模量随着应变速率的增加而增加,但临界应变减小;最后是初始切线模量不受应变率的影响。假设在动态压缩下岩石材料在不考虑损伤时的峰值强度是 σ_1,实际峰值强度是 σ_{s1};在准静态压缩下不考虑损坏时峰值强度是 σ_2,实际峰值强度是 σ_{s2}。根据应变等价假设:

$$\sigma_{s1} = \sigma_1(1-D_1) = E_1\varepsilon_1(1-D_1) \tag{4-14}$$

$$\sigma_{s2} = \sigma_2(1-D_2) = E_2\varepsilon_2(1-D_2) \tag{4-15}$$

式中:D_1、D_2 分别为动态压缩和准静态压缩下峰值强度的损伤变量;ε_1、ε_2 分别为动态压缩和准静态压缩下的临界应变;E_1、E_2 分别为动态压缩和准静态压缩下的初始切线模量。岩石材料在动态压缩下的强度具有动态增强的作用,即应变率效应:

$$\sigma_{s1} = f(\dot{\varepsilon}_{cd})\sigma_{s2} \tag{4-16}$$

式中:$f(\dot{\varepsilon}_{cd})$ 为一个动态增强因子模型,其值大于 1(Zhang and Zhao,2014)。结合式(4-14)、(4-15)和式(4-16)得:

$$f(\dot{\varepsilon}_{cd}) = \frac{E_1\varepsilon_1}{E_2\varepsilon_2}\frac{1-D_1}{1-D_2} \tag{4-17}$$

式(4-17)说明了应变率与损伤变量的关系,即动态压缩和准静态压缩下的损伤变量由 $f(\dot{\varepsilon}_{cd})$ 和 $E_1\varepsilon_1$ 与 $E_2\varepsilon_2$ 的比值确定,可以写成:

$$D_1 > D_2 \text{ ,if } f(\dot{\varepsilon}_{cd}) < \frac{E_1\varepsilon_1}{E_2\varepsilon_2} \tag{4-18}$$

$$D_1 = D_2 \text{ ,if } f(\dot{\varepsilon}_{cd}) = \frac{E_1\varepsilon_1}{E_2\varepsilon_2} \tag{4-19}$$

$$D_1 < D_2 \text{ , if } f(\dot{\varepsilon}_{cd}) > \frac{E_1\varepsilon_1}{E_2\varepsilon_2} \tag{4-20}$$

因此,动态压缩下峰值强度处的损伤变量并不总是大于准静态压缩下的损伤变量。对于砂岩(Cao et al.,2019),应变速率为 $1\times10^{-5} s^{-1}$ 和 $5\times10^{-4} s^{-1}$ 时的应力-应变曲线属于第二种类型,如图 4-7 所示。可以从曲线中得出,$f(\dot{\varepsilon}_{cd}) > \frac{E_1\varepsilon_1}{E_2\varepsilon_2}$。由式(4-20)可知,应变速率为 $5\times10^{-4} s^{-1}$ 时的损伤变量小于应变速率为 $1\times10^{-5} s^{-1}$ 时的损伤变量,这与使用应变能量法的结果相同。对于红砂岩(Meng et al.,2016),应变速率为 $1\times10^{-5} s^{-1}$ 和 $5\times10^{-3} s^{-1}$ 时的应力-应变曲线属于第一种类型,如图 4-7 所示。从应力-应变曲线可以得出 $f(\dot{\varepsilon}_{cd}) < \frac{E_1\varepsilon_1}{E_2\varepsilon_2}$。由式(4-18)可知,应变速率为 $5\times10^{-3} s^{-1}$ 时的损伤变量大于应变速率为 $1\times10^{-5} s^{-1}$ 时的损伤变量,这也与应变能量法得出的结果相同。因此,应变率可以提高岩石材料的强度,但不能加剧或减轻岩石材料的破坏。换言之,岩石材料的损伤与应变率之间不存在一一对应的关系,这与上一节中的结论一致。

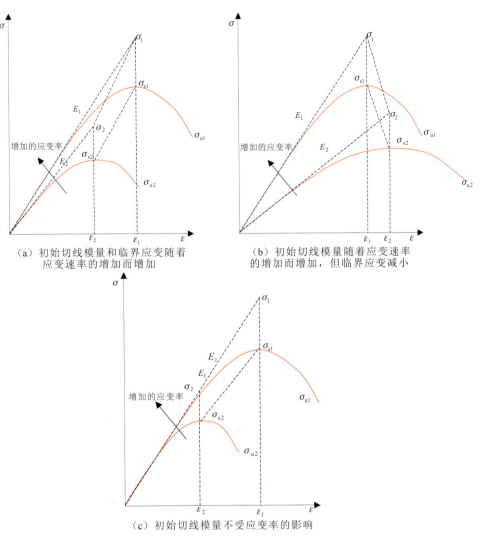

(a) 初始切线模量和临界应变随着应变速率的增加而增加

(b) 初始切线模量随着应变速率的增加而增加，但临界应变减小

(c) 初始切线模量不受应变率的影响

图 4-7 岩石材料在单轴压缩下应变率对应力-应变曲线的影响

4.2 循环荷载下岩石材料率效应与损伤效应的相互关系

本书主要分析岩石材料在动态循环荷载下变形和破坏过程中发生的能量转换，以及应变率对损伤的影响。首先，基于热力学理论介绍了循环荷载下应变能和损伤变量的定义；其次，通过提取 4 种岩石材料不同比例峰值强度下的损伤变量，建立了损伤变量与应变率之间的关系。

4.2.1 应变能和损伤变量

4.2.1.1 应变能

图 4-8 描绘了在循环加载过程中每个加载和卸载过程中 U_d 和 U_e 之间的关系。在单轴循环加载试验中,应变能可以计算如下:

$$U = \int_0^\varepsilon \sigma \mathrm{d}\varepsilon \tag{4-21}$$

$$U_e = \int_{\varepsilon^p}^\varepsilon \sigma \mathrm{d}\varepsilon \tag{4-22}$$

式中:ε^p 为塑性轴向应变。有多项研究表明,循环载荷下的疲劳破坏曲线受静载荷下完整的应力-应变曲线控制,循环加载和单轴压缩下的破坏变形差异不大。因此,单调应力-应变曲线可以作为试样在循环载荷下的失效轨迹(Haimson and Kim 1971;Martin and Chandler 1994;Xiao et al.,2009;Duan and Yang 2018)。单轴压缩的能量分布如图 4-1 所示。

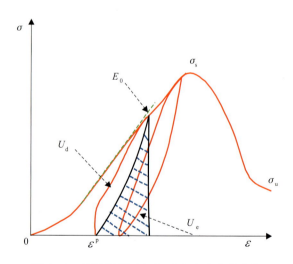

图 4-8 循环荷载下应力-应变和应变能曲线

4.2.1.2 损伤变量

由上节可知,根据热力学第一定律,能量耗散是岩石材料破坏的主要属性。换言之,微裂纹的发展过程和强度的损失变化实际上是能量耗散的过程。根据式(4-4),可定义岩石材料在动态循环载荷作用下的损伤变量如下:

$$D_i = \frac{\sum_0^i U_d}{\sum U} \tag{4-23}$$

式中：D_i 为第 i 次循环加卸载的损伤变量；$\sum U$ 为从开始到最后稳定初始阶段的总应变能。

基于式(4-5)，提出了循环荷载下的损伤变量的定义，即：

$$D_i = \frac{\sum_0^i U_d}{\sum U}\left(1 - \frac{\sigma_u}{\sigma_s}\right) \quad (4-24)$$

4.2.2 结果分析

4.2.2.1 石膏材料

试样的主要成分是石膏，有 0°、30°和 90°角的间断接缝。试验在 MTS 动态三轴测试仪上进行，循环压缩载荷定义为具有 0.2Hz、2Hz 和 21Hz 三个频率的谐波三角循环载荷(Li et al.,2001)。由于循环载荷下的应力-应变曲线难以获得(Li et al.,2001)，因此提取了石膏的每条应力-应变曲线(例如如图 4-9 所示的应力-应变曲线)的上包络线(Walton et al.,2015)。根据 Xiao 等(2008)和 Zhou 等(2019)提出的不同加载波形的平均加载率定义，三角波的平均应变率表达式如下：

$$\dot{\varepsilon} = \frac{4Af}{E_0} \quad (4-25)$$

式中：A 为幅值；f 为频率。在不同频率的循环载荷下，无裂缝石膏试样的平均应变率与应力和峰值强度的比值关系如图 4-9 所示，频率为 0.2Hz 的载荷的平均应变率范围为 $1 \times 10^{-3} \mathrm{s}^{-1}$。频率为 2Hz 和 21Hz 的载荷的平均应变率分别为 $1 \times 10^{-2} \mathrm{s}^{-1}$ 和 $1 \times 10^{-1} \mathrm{s}^{-1}$，因此这 3 个循环载荷的加载频率可以归类到动态载荷中，应该考虑应变率的影响。

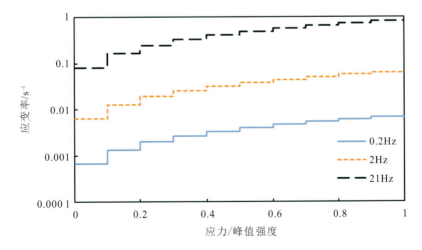

图 4-9　不同频率循环加载下无裂缝石膏试样的平均应变率与应力和峰值强度的比值关系

无裂缝石膏试样在不同频率循环加载下应变能密度 U、U_d 和 U_e 的变化如图 4-10 所示。从图中可以看出，不同频率下 U 随应变增加而增加，但是 U 的变化率随频率而变化。在 0.2Hz 和 21Hz 的频率下，U 的变化率接近恒定，而在 2Hz 频率下变化率趋于 0。图 4-10 显示吸收的应变能 U 似乎与频率无关，因为 2Hz 频率下的 U 大于 0.2Hz 和 21Hz 情况，而 0.2Hz 频率下的 U 与 21Hz 频率下的 U 几乎相同。U_d 的情况与 U 的情况不同，U_d 在峰值前阶段基本保持不变，一旦进入峰后阶段，迅速增加并逐渐接近 U。由于 U 由 U_d 和 U_e 组成，U_e 和 U_d 与 U 的比例变化过程总是相反的，因此只需要分析其中之一。

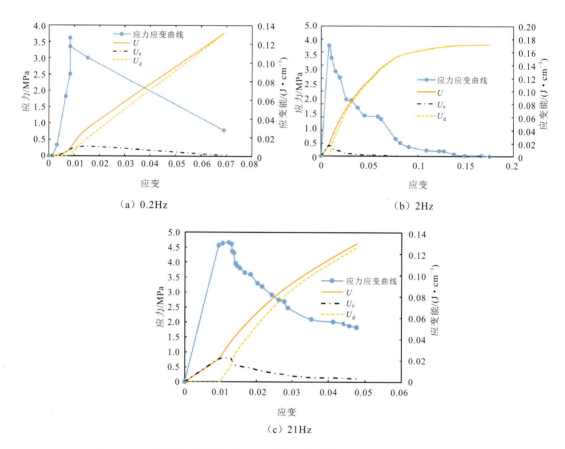

图 4-10　不同频率循环加载下无裂缝石膏试样的应力-应变和应变能曲线

图 4-11 展示了在不同频率循环加载下无裂缝石膏试样的峰值强度和损伤变量。图 4-11(a) 表明了损伤变量随相对应变的变化类似于 U_d 在不同频率下的变化。在相同的相对应变下，不同频率下的损伤变量按以下顺序排列（降序排列）：2Hz、0.2Hz、21Hz。当试样破坏时，最终的损伤变量也随着不同频率的变化而出现不一样的变化，频率与损伤变量无关。为了阐明在循环载荷下石膏试样频率与损伤变量之间的关系，图 4-11(b) 展示了不同频率下峰值强度和峰值强度下对应的损伤变量，可以发现岩石峰值强度与频率的拟合曲线相关系数为 0.981 9。拟合方程如下：

$$\sigma_{cd} = 0.523\lg f + 4.0193 \qquad (4-25)$$

式中:σ_{cd}为动态峰值强度。频率越高,峰值强度越大,这与 Zhao 等(1999)提出的动态增强因子模型相匹配。这是因为加载频率越高,由此产生的应变率就越大,在较高应变率的作用下,岩石中裂缝的产生和扩展速度较小,从而导致岩石强度相应增加(Zhao et al.,1999; Zhang and Zhao,2014),随着频率增加,峰值强度处的损伤变量先减小,然后增大。为了阐明损伤变量和应变率之间的关系,提出了一个假设,即方程(4-25)还可以应用于峰后阶段岩石材料的强度与加载频率(或应变率)之间的关系。图 4-11(a)和图 4-11(c)分别为峰后阶段不同比例峰值强度下的损伤变量。可以看出,80%、60%、40%峰值强度时的损伤变量在不同频率或相应的相对应变下保持不变。

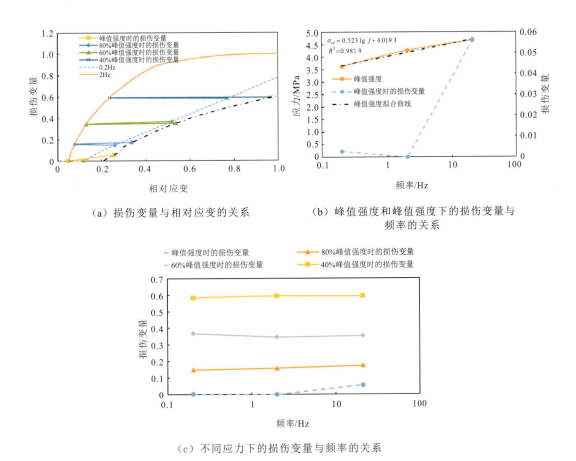

(a)损伤变量与相对应变的关系

(b)峰值强度和峰值强度下的损伤变量与频率的关系

(c)不同应力下的损伤变量与频率的关系

图 4-11 不同频率循环加载下无裂缝石膏试样的峰值强度和损伤变量

同样,在不同频率循环加载下,含有裂缝倾角为 30°和 90°的石膏试样峰值强度和损伤变量如图 4-12 和图 4-13 所示。可以看出,裂缝倾角为 30°和 90°石膏试样的峰值强度与频率的对数也呈线性关系,拟合曲线对应的相关系数分别为 0.9674 和 0.803。裂缝倾角为 30°石膏试样峰值强度处的损伤变量随着频率的增加先减小后增大,在峰后阶段 80%和

40%峰值强度处损伤变量的变化也是类似的过程,如图4-12(a)和图4-12(c)所示,然而峰后阶段60%峰值强度处的损伤变量随着频率增加而减小。对于裂缝倾角为90°的石膏试样,随着频率的增加,在峰后阶段不同比例峰值强度下的损伤变量也有所不同。对于不同的峰后强度,加载频率在0.2~2Hz范围内时损伤变量是减小的,而当加载频率在2~21Hz范围内时,随着峰后强度的降低,损伤变量从开始增加到保持不变,最后减小,如图4-13(a)和图4-13(c)所示。

综上所述,无裂缝、裂缝倾角为30°和90°的石膏试样在受到循环载荷时的损伤变量随频率变化是不一样的。因此,循环载荷的加载频率不影响石膏试样的损伤变量。换言之,加载频率与石膏试样在动态循环加载下的损伤变量之间没有直接关系。

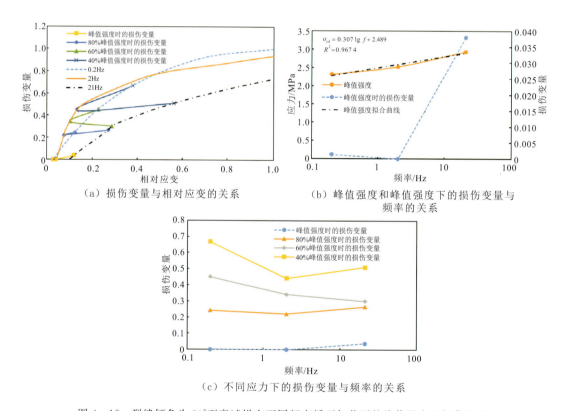

(a) 损伤变量与相对应变的关系

(b) 峰值强度和峰值强度下的损伤变量与频率的关系

(c) 不同应力下的损伤变量与频率的关系

图4-12　裂缝倾角为30°石膏试样在不同频率循环加载下的峰值强度和损伤变量

4.2.2.2　红砂岩

产自山东临沂的红砂岩主要由长石和石英组成。试验在MTS815岩石力学测试系统上进行,施加的循环荷载有6种不同的加载速率,包括0.5kN/s、1.0kN/s、1.5kN/s、2.0kN/s、3.0kN/s和4.0kN/s,总共施加在30个岩石试样上。每种加载速率下对应5个岩石试样。每个岩石试样都受到以20MPa为增量增加的应力,然后卸载、反复循环加载和卸载,直到试

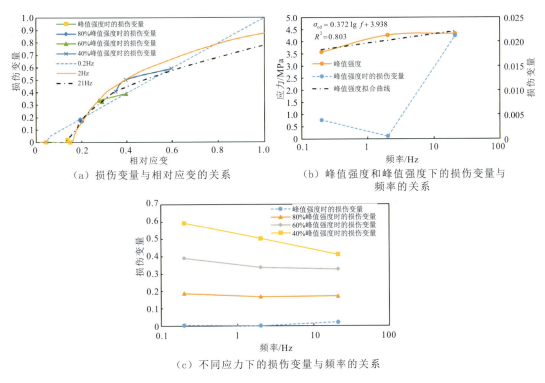

(a) 损伤变量与相对应变的关系

(b) 峰值强度和峰值强度下的损伤变量与频率的关系

(c) 不同应力下的损伤变量与频率的关系

图4-13 裂缝倾角为90°石膏试样在不同频率循环加载下的峰值强度和损伤变量

样被破坏(Meng et al., 2016b)。

图4-14显示了不同轴向应力动态循环加载下红砂岩损伤变量随加载速率的变化。可以看出,尽管损伤变量的变化小于0.04,但不同轴向应力下损伤变量随加载速率的变化是不一致的。总体而言,损伤变量随加载速率的变化主要有两种趋势,它们的区别主要是轴向载荷的大小。如果施加的轴向应力小于50MPa,则损伤变量随加载速率的变化可分为一类,另一类适用于轴向应力在50MPa以上。对于第一种趋势,随着加载速率的增加,损伤变量先减小,然后增大,之后几乎保持不变;另一种趋势与第一种完全不同,随着加载速率的增加,损伤变量保持不变。因此,在动态循环加载下,加载速率与红砂岩的损伤变量之间也没有明显的对应关系。

4.2.2.3 石灰岩

石灰岩来自我国高丰锡矿。为了评估加载速率对岩石材料能量变化的影响,对石灰岩(Li et al., 2020)进行了0.15mm/min、0.2mm/min和0.3mm/min三种应变速率动态循环加载试验。

图4-15显示了不同峰值应力动态循环加载下石灰岩损伤变量随应变率的变化。与红砂岩的趋势一样,在不同的峰值载荷应力下石灰岩的损伤变量随应变率的变化也不一样。

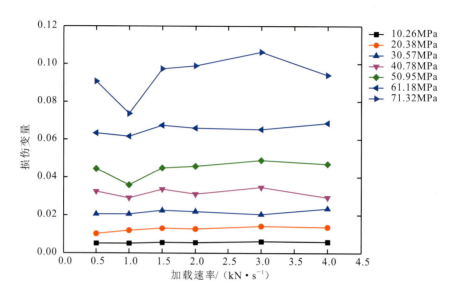

图 4-14　不同轴向应力动态循环加载下红砂岩损伤变量随加载速率的变化

同样地,损伤变量随应变率的变化也有 3 个主要趋势。当峰值加载应力为 2.5MPa 时,损伤变量几乎保持不变,并且与应变率无关;当石灰岩承受 7.5MPa 的峰值应力时,损伤变量随着加载速率的增加而减小,损伤变量的最大减小量约为 0.02;当施加的应力大于 7.5MPa 时,石灰岩的损伤变量随着应变速率的增加先减小后增大。因此,在动态循环载荷作用下,石灰岩的应变率与损伤变量之间也没有统一的关系。

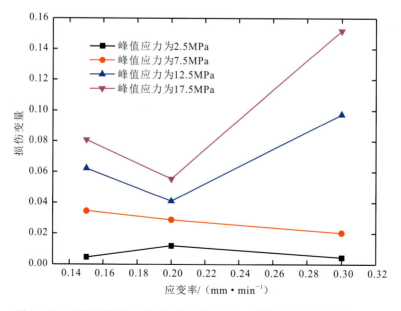

图 4-15　不同峰值应力动态循环加载下石灰岩损伤变量随应变率的变化

4.2.2.4 砂岩

针对砂岩(Tian,2019)开展了 0.5Hz、1.0Hz、2.0Hz 和 4.0Hz 四种频率的循环荷载试验,施加的载荷由振幅为 15MPa 的周期性正弦波组成。在每个循环中,最大外加应力每次增加 1MPa,直到砂岩破坏。

图 4-16 为不同频率动态循环加载下砂岩损伤变量随相对应变和频率的变化。从图 4-16(a)中可以看出,砂岩损伤演化主要有两种趋势。第一种是在 0.5Hz 的加载频率下,表现为"S"形图,另一种是在其他加载频率下,表现为"L"形图。在相同的相对应变下,0.5Hz 处的损伤变量大于其他频率下的损伤变量。类似地,峰后阶段不同比例下峰值强度的损伤变量与频率的关系如图 4-16(b)所示。可以看出 100%、80%、60% 和 40% 峰值强度时的损伤变量随频率变化也表现不一致。在峰值强度下,砂岩的损伤变量先减少,然后随着频率的增加而增加;如果砂岩开始破坏,强度损失会随着频率的增加而增加。因此,砂岩的加载频率与损伤变量的关系不同于其他岩石,如石膏、红砂岩和石灰岩。此外,这些岩石中加载频率与损伤变量的关系也各不相同。综合以上分析,可以假设承受动态循环载荷的岩石材料的应变率和损伤变量之间没有直接的关系。

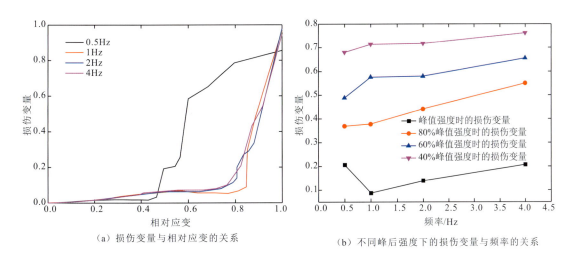

(a) 损伤变量与相对应变的关系　　(b) 不同峰后强度下的损伤变量与频率的关系

图 4-16　不同频率动态循环加载下砂岩的损伤变量随相对应变和频率的变化

第 5 章　地震作用下岩石材料的动态本构模型

本章首先基于第 3 章中循环荷载下岩石的本构模型,考虑循环荷载下的损伤效应以及围压效应,构建了三轴循环荷载下岩石材料考虑损伤效应的本构模型(此处称为静力本构模型);其次根据地震荷载的形式——动态循环荷载,在第 4 章分析了动态循环荷载下岩石材料率效应和损伤效应的相互关系,在此基础上,构建了动态循环荷载下岩石材料杨氏模量和抗压强度的表达式,结合静力本构模型建立了地震作用下岩石材料的动态本构模型;最后运用该动态本构模型,模拟了真三轴不同加载速率动态循环荷载下岩石材料的力学性质。

5.1　三轴循环荷载下岩石材料考虑损伤效应的本构模型

近几十年来,研究岩石材料在循环荷载作用下的力学响应主要是通过试验手段。这些循环加载试验主要从变形特性和强度特性两个方面考察岩石材料的特性(Hardy and Chugh,1970；Attewell and Farmer,1973；Peng et al.,1973；Liu et al.,2012；Liu et al.,2016)。变形特性主要包括加载和卸载曲线不重合导致的滞回圈,以及循环加载导致的累积不可逆塑性变形,这方面的研究已着重在第 3 章阐述。对于强度特性,在循环载荷作用下,岩石中原有的微裂纹扩展并产生新的微裂纹,微裂纹的萌生和扩展称为损伤,循环荷载作用下的损伤累积导致强度降低并对岩石材料产生不利影响(Hamison and Kim,1972；Ray et al.,1999；Bagde and Petroš,2005；Bagde and Petroš,2009；Xiao et al.,2010；Momeni et al.,2015)。此外,为了研究围压的影响,进行了不同围压条件下的三轴循环加载试验(Burdine,1963；Gatelier et al.,2002；Liu and He,2012；Wang et al.,2013；Yang et al.,2017)。研究发现,随着围压的增加,岩石材料破坏时的轴向应变增加,剪胀开始时的残余体积应变也增加(Liu and He,2012)。

因此,适用于三轴循环载荷岩石材料的本构模型应再现损伤、滞回圈、累积塑性变形并考虑围压的影响。第 3 章已经阐述利用次加载面理论再现了岩石材料在单轴循环加载下的变形行为,并取得了良好的效果。但是,次加载面理论没有考虑到岩石材料在循环荷载作用下的损伤,不能再现岩石材料在循环荷载下的显著特征,如峰后行为、强度退化和破坏以及围压的影响。因此,本节的目标是构建和验证这样一种本构模型。

5.1.1 本构模型

5.1.1.1 本构模型的主要思想

1. 修正的 CWFS 模型

试验结果表明,当承受循环载荷时,由于岩石材料在峰值强度后产生微裂纹,通常会经历应变软化(Brown and Hudson,1974;Heap et al.,2009,2010;Yang et al.,2017)。许多研究也表明,循环载荷会导致岩石强度损失(Martin and Chandler,1994;Gatelier et al.,2002;Cardani and Meda,2004;Royer - Carfagni and Salvatore,2015;Ghamgosar et al.,2016)。Hajiabdolmajiad et al.(2002)认为岩石在压缩试验下的强度下降主要是由黏聚力下降和内摩擦角增加引起的,因此提出了被广泛接受的 CWFS 模型(Lee et al.,2012;Walton et al.,2015,2017a,2017b;Guo et al.,2017)。他们认为岩石的黏聚力和内摩擦角的变化可以基于 $\bar{\varepsilon}^p$ 和 $\bar{\varepsilon}^p$ 两个双线性函数来表示(图 5-1)。基于莫尔-库仑破坏准则的 CWFS 模型可以由式(5-1)来定义:

$$f(\sigma) = f(c, \bar{\varepsilon}^p) + f(\sigma_n, \bar{\varepsilon}^p)\tan\varphi \tag{5-1}$$

$$\bar{\varepsilon}^p = \int \sqrt{\frac{2}{3}\left[(d\varepsilon_1^p)^2 + (d\varepsilon_2^p)^2 + (d\varepsilon_3^p)^2\right]} dt \tag{5-2}$$

式中:$f(c, \bar{\varepsilon}^p)$ 和 $f(\sigma_n, \bar{\varepsilon}^p)$ 分别为黏聚力和正应力与等效塑性应变 $\bar{\varepsilon}^p$ 的函数;$d\varepsilon_1^p$、$d\varepsilon_2^p$ 和 $d\varepsilon_3^p$ 分别为 3 个主方向的塑性应变增量;σ_n 为作用在岩石破坏面上的正应力。

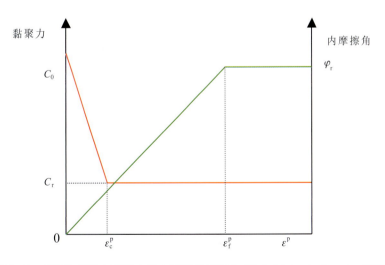

图 5-1 CWFS 模型中黏聚力和内摩擦角的变化(Hajiabdolmajiad et al.,2002)

从图 5-1 中可以发现,在 CWFS 模型中黏聚力的等效塑性应变 $\bar{\varepsilon}_c^p$ 小于内摩擦角的 $\bar{\varepsilon}_f^p$。

这表明只有当黏聚力完全消耗时,内摩擦角才能逐渐增加(Hajiabdolmajiad et al.,2002)。此外,内摩擦角的初始值设置为 0。然而,通过循环加载试验,Zhou 等(2011)发现,在达到残余强度之前,T_2y6 和 T_{2b} 大理岩的黏聚力一直在降低,并且在达到峰值强度后降低的速度变得更快。在达到残余强度或接近峰值强度之前,内摩擦角增加到最大值。同时,内摩擦角的初始值不为 0。Renani 和 Martin(2018)对 Lac du Bonnet 花岗岩和印第安纳石灰岩的研究也发现了同样的现象。因此,参考 CWFS 模型处理岩石材料应变软化的思想,Zhou 等(2011)通过引入塑性内变量 κ,根据试验现象提出了岩石材料强度参数的表达式:

$$c(\kappa) = \begin{cases} c_0 - \kappa(c_0 - c_r) & (\kappa \leqslant 1) \\ c_r & (\kappa > 1) \end{cases} \qquad (5-3)$$

$$\varphi(\kappa) = \begin{cases} \varphi_0 - \dfrac{\kappa}{\kappa_\varphi}(\varphi_0 - \varphi_r) & (\kappa \leqslant \kappa_\varphi) \\ \varphi_r & (\kappa > \kappa_\varphi) \end{cases} \qquad (5-4)$$

$$\kappa = \int d\kappa = \int G \sqrt{\dfrac{2}{3}\left[d\varepsilon^p - \dfrac{1}{3}\operatorname{tr}(d\varepsilon^p)\right]\left[d\varepsilon^p - \dfrac{1}{3}\operatorname{tr}(d\varepsilon^p)\right]} \qquad (5-5)$$

式中:c_0、c_r 分别为黏聚力的初始值和残差值;φ_0、φ_r 分别为内摩擦角的初始值和残差值;κ_φ 为内摩擦角达到残差值的阈值;G 为一个函数,它考虑了塑性变形对围压的依赖性(G 的表达式将在下面进行阐述)。

黏聚力、内摩擦角和塑性内变量之间的关系如图 5-2 所示。按照这种方法,可以得到 Crystalline 大理岩(Yang et al.,2017)、Coarse 大理岩(Guo et al.,2017)、Indiana 石灰岩(Walton et al.,2015)、Carrara 大理岩(Walton et al.,2015)和 Toral de Los Vados 石灰岩(Walton et al.,2015)的黏聚力和内摩擦角变化与塑性内变量的关系,如图 5-3 所示。可以看出,黏聚力在达到峰值强度之前保持不变或呈现小幅增加趋势,然后在岩石只能承受与残余强度相同的应力之前呈线性下降。内摩擦角的变化过程与黏聚力的变化过程相似,只是趋势相反。因此,提出一种改进的 CWFS 模型(图 5-4):

$$c(\kappa) = \begin{cases} c_0 & (\kappa \leqslant \kappa_{c_0}) \\ c_r + \dfrac{\kappa_{c_1} - \kappa}{\kappa_{c_1} - \kappa_{c_0}}(c_0 - c_r) & (\kappa_{c_0} < \kappa < \kappa_{c_1}) \\ c_r & (\kappa > \kappa_{c_1}) \end{cases} \qquad (5-6)$$

$$\varphi(\kappa) = \begin{cases} \varphi_0 & (\kappa \leqslant \kappa_{\varphi_0}) \\ \varphi_0 + \dfrac{\kappa_{\varphi_0} - \kappa}{\kappa_{\varphi_0} - \kappa_{\varphi_1}}(\varphi_r - \varphi_0) & (\kappa_{\varphi_0} < \kappa < \kappa_{\varphi_1}) \\ \varphi_r & (\kappa > \kappa_{\varphi_1}) \end{cases} \qquad (5-7)$$

式中:κ_{c_0}、κ_{φ_0} 分别为黏聚力和内摩擦角开始变化的阈值;κ_{c_1}、κ_{φ_1} 分别为黏聚力和内摩擦角达到残值的阈值。

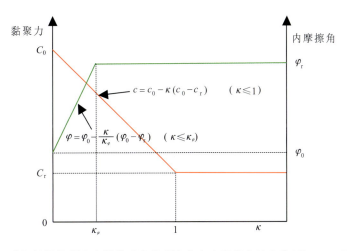

图 5-2 弹塑性损伤耦合力学模型中的黏聚力和内摩擦角的变化(Zhou et al.,2011)

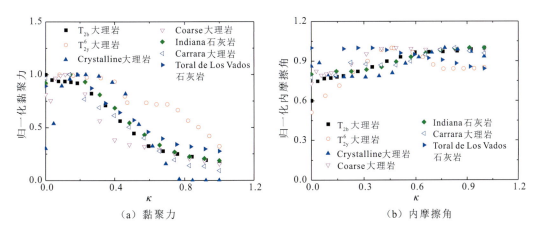

(a) 黏聚力　　　　　　　　　　　　(b) 内摩擦角

图 5-3 不同岩石材料黏聚力和内摩擦角随塑性内变量的变化

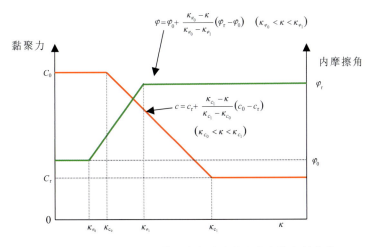

图 5-4 改进的 CWFS 模型中的黏聚力和内摩擦角的变化

2. 本构模型

如上所述，三轴循环加载下岩石材料的本构模型不仅可以描述岩石材料的滞回圈和累积塑性变形等循环特性，而且可以反映损伤和围压的影响。因此，本书以次加载面理论为基础，基于修正 CWFS 模型的思想，构建了岩石材料的本构模型。结合式(5-6)和式(5-7)，该本构模型的次加载面的表达式为：

$$f(\bar{\sigma},\kappa) = \sqrt{\bar{J}_2} + \beta(\kappa)\bar{I}_1 = RQ(k) \tag{5-8}$$

$$\beta(\kappa) = \frac{2\sin\varphi(\kappa)}{\sqrt{3}[3-\sin\varphi(\kappa)]} \tag{5-9}$$

$$Q(\kappa) = \frac{6c(\kappa)\cos\varphi(\kappa)}{\sqrt{3}[3-\sin\varphi(\kappa)]} \tag{5-10}$$

式中的参数含义可以参见第 3 章。

5.1.1.2 弹塑性矩阵的推导

根据一致性条件，有：

$$\frac{\partial f}{\partial \bar{\sigma}}d\bar{\sigma} + \frac{\partial f}{\partial \kappa}d\kappa - QdR - RdQ = 0 \tag{5-11}$$

第 3 章中通过结合 Drucker–Prager 屈服准则和次加载面理论，获得了岩石材料在循环载荷下的弹塑性模量矩阵表达式，但是它没有考虑循环加载造成的损坏和围压的影响。因此，基于第 3 章的研究结果和损伤的表达式，通过推导方程(5-11)，得到了该本构模型的弹塑性矩阵表达式如下：

$$\boldsymbol{D}^{ep} = \boldsymbol{D}^{el} - \left[\frac{\partial f(\bar{\sigma},\kappa)}{\partial \sigma}\right]^T \boldsymbol{D}^{el} \boldsymbol{D}^{el} \frac{\partial f(\bar{\sigma},\kappa)}{\partial \sigma} \bigg/ \left\{ \left[\frac{\partial f(\bar{\sigma},\kappa)}{\partial \sigma}\right]^T \boldsymbol{D}^{el} \frac{\partial f(\bar{\sigma},\kappa)}{\partial \sigma} + \left[\frac{\partial f(\bar{\sigma},\kappa)}{\partial \sigma}\right]^T M \right\} \tag{5-12}$$

$$M = \frac{dQ}{Qd\kappa}\frac{\bar{\sigma}}{R}L + \frac{d\alpha}{d\varepsilon^p} + U\frac{\bar{\sigma}-s}{R} + C(1-R)\left(\frac{\bar{\sigma}}{R}-\frac{s-\alpha}{\chi}\right) - \frac{1-R}{\chi Q}\frac{\partial f(s,\kappa)}{\partial \kappa}W(s-\alpha) - \frac{1}{RQ}\frac{\partial f(\bar{\sigma},\kappa)}{\partial \kappa}L\bar{\sigma} \tag{5-13}$$

$$L = G\sqrt{\frac{2}{3}\left[K\cdot\frac{\partial f(\bar{\sigma},\kappa)}{\partial \bar{\sigma}}\right]\left[K\cdot\frac{\partial f(\bar{\sigma},\kappa)}{\partial \bar{\sigma}}\right]} \tag{5-14}$$

$$W = G\sqrt{\frac{2}{3}\left[K\cdot\frac{\partial f(s,\kappa)}{\partial s}\right]\left[K\cdot\frac{\partial f(s,\kappa)}{\partial s}\right]} \tag{5-15}$$

$$K = I - \frac{1}{3}\delta\otimes\delta \tag{5-16}$$

式中：δ 为二阶单位张量；I 为对称四阶单位张量；$\boldsymbol{D}^{ep}$、$\boldsymbol{D}^{el}$ 分别为弹塑性模量矩阵和弹性矩阵；s 为相似中心面中心；α 为正常屈服面几何中心；χ 为相似比最大值；C 为材料参数；U 为塑性应变函数。

5.1.1.3 相似比 R 的计算

相似比 R 对于模型的成功至关重要。因此,须计算相似比 R 的表达式,有:

$$f(\bar{\tilde{\sigma}},\kappa) = f(\tilde{\sigma}+R\hat{s},\kappa) = \beta(\kappa)\mathrm{tr}(\tilde{\sigma}+R\hat{s}) + \sqrt{1/2}\|\tilde{\sigma}'+R\hat{s}'\| = RQ(\kappa) \quad (5-17)$$

通过对上式进行变换,相似比 R 的表达式为:

$$R = \frac{-B+\sqrt{B^2-4Ac}}{2A} \quad (5-18)$$

其中,

$$A = \frac{1}{2}\|\hat{s}'\|^2 - 9[\beta(\kappa)]^2(\hat{s})_m^2 - [Q(\kappa)]^2 + 6\beta(\kappa)Q(\kappa)(\hat{s})_m \quad (5-19)$$

$$B = (\tilde{\sigma}' \cdot \hat{s}') - 18[\beta(\kappa)]^2(\tilde{\sigma})_m(\hat{s})_m + 6\beta(\kappa)Q(\kappa)(\tilde{\sigma})_m \quad (5-20)$$

$$C = \frac{1}{2}\|\tilde{\sigma}'\|^2 - 9[\beta(\kappa)]^2(\tilde{\sigma})_m^2 \quad (5-21)$$

$$\tilde{\sigma} = \sigma - s \quad (5-22)$$

$$\hat{s} = s - \alpha \quad (5-23)$$

5.1.2 数值实现过程

第 3 章基于弹塑性修正的思想,详细阐述了循环荷载作用下岩石材料本构模型数值实现的详细流程,但没有考虑三轴循环加载时岩石材料的损伤和围压。因此,下面将主要阐述三轴循环荷载下岩石材料考虑损伤本构模型的塑性校正过程,该过程主要包括求解塑性因子、更新内部变量和求解相似比 R 三个部分。

(1)求解塑性因子:

$$d\lambda_{n+1}^{k+1} = \frac{f(\bar{\sigma}_{n+1}^{k+1},\kappa_{n+1}^{k+1}) - R_{n+1}^k Q(\kappa_{n+1}^k)}{\left\|\frac{\partial f(\bar{\sigma}_{n+1}^{k+1},\kappa_{n+1}^{k+1})}{\partial \bar{\sigma}_{n+1}^{k+1}}\right\|(M_{n+1}^k + N_{n+1}^k \cdot \mathbf{D}^{\mathrm{el}} \cdot N_{n+1}^k)} \quad (5-24)$$

$$N_{n+1}^k = \frac{\dfrac{\partial f(\bar{\sigma}_{n+1}^{k+1},\kappa_{n+1}^{k+1})}{\partial \bar{\sigma}_{n+1}^{k+1}}}{\left\|\dfrac{\partial f(\bar{\sigma}_{n+1}^{k+1},\kappa_{n+1}^{k+1})}{\partial \bar{\sigma}_{n+1}^{k+1}}\right\|} \quad (5-25)$$

$$M_{n+1}^k = N_{n+1}^k \cdot \left\{ \begin{matrix} \dfrac{Q'^k_{n+1}}{Q_{n+1}^k} L_{n+1}^k \bar{\sigma}_{n+1}^k + \alpha'^k_{n+1} + U_{n+1}^k \dfrac{\tilde{\sigma}_{n+1}^k}{R_{n+1}^k} + C(1-R_{n+1}^k)\left[\dfrac{\bar{\sigma}_{n+1}^k}{R_{n+1}^k} - \dfrac{\hat{s}_{n+1}^k}{\chi}\right] - \\ \dfrac{1-R_{n+1}^k}{\chi Q_{n+1}^k}\dfrac{\partial f(_{n+1}^k s,\kappa_{n+1}^k)}{\partial \kappa_{n+1}^k} W_{n+1}^k \hat{s}_{n+1}^k - \dfrac{1}{R_{n+1}^k Q_{n+1}^k}\dfrac{\partial f(\bar{\sigma}_{n+1}^k,\kappa_{n+1}^k)}{\partial \kappa_{n+1}^k} L_{n+1}^k \bar{\sigma}_{n+1}^k \end{matrix} \right\}$$

$$(5-26)$$

$$L_{n+1}^k = G\sqrt{\frac{2}{3}\left[K \cdot \frac{\partial f(\bar{\sigma}_{n+1}^k,\kappa_{n+1}^k)}{\partial \bar{\sigma}_{n+1}^k}\right]\left[K \cdot \frac{\partial f(\bar{\sigma}_{n+1}^k,\kappa_{n+1}^k)}{\partial \bar{\sigma}_{n+1}^k}\right]} \quad (5-27)$$

$$W_{n+1}^k = G\sqrt{\frac{2}{3}\left[K \cdot \frac{\partial f(s_{n+1}^k,\kappa_{n+1}^k)}{\partial s_{n+1}^k}\right]\left[K \cdot \frac{\partial f(s_{n+1}^k,\kappa_{n+1}^k)}{\partial s_{n+1}^k}\right]} \quad (5-28)$$

(2)更新内部变量:

$$d\varepsilon_{n+1}^{p^{k+1}} = d\lambda_{n+1}^{k+1} N_{n+1}^k \quad (5-29)$$

$$\sigma_{n+1}^{k+1} = \sigma_{n+1}^{k} + \boldsymbol{D}^{el}\left(d\varepsilon_{n+1}^{k+1} - d\varepsilon_{n+1}^{p^{k+1}}\right) \tag{5-30}$$

$$\kappa_{n+1}^{k+1} = \kappa_{n+1}^{k} + G\sqrt{\frac{2}{3}\left[d\varepsilon_{n+1}^{p^{k+1}} - \frac{1}{3}\mathrm{tr}(d\varepsilon_{n+1}^{p^{k+1}})\right]\left[d\varepsilon_{n+1}^{p^{k+1}} - \frac{1}{3}\mathrm{tr}(d\varepsilon_{n+1}^{p^{k+1}})\right]} \tag{5-31}$$

$$c_{n+1}^{k+1} = \begin{cases} c_0 & (\kappa_{n+1}^{k+1} \leqslant \kappa_{c_0}) \\ c_r + \dfrac{\kappa_{c_1} - \kappa_{n+1}^{k+1}}{\kappa_{c_1} - \kappa_{c_0}}(c_0 - c_r) & (\kappa_{c_0} < \kappa_{n+1}^{k+1} < \kappa_{c_1}) \\ c_r & (\kappa_{n+1}^{k+1} > \kappa_{c_1}) \end{cases} \tag{5-32}$$

$$\varphi_{n+1}^{k+1} = \begin{cases} \varphi_0 & (\kappa_{n+1}^{k+1} \leqslant \kappa_{\varphi_0}) \\ \varphi_0 + \dfrac{\kappa_{\varphi_0} - \kappa_{n+1}^{k+1}}{\kappa_{\varphi_0} - \kappa_{\varphi_1}}(\varphi_r - \varphi_0) & (\kappa_{\varphi_0} < \kappa_{n+1}^{k+1} < \kappa_{\varphi_1}) \\ \varphi_r & (\kappa_{n+1}^{k+1} > \kappa_{\varphi_1}) \end{cases} \tag{5-33}$$

$$Q_{n+1}^{k+1} = \frac{6c_{n+1}^{k+1}\cos\varphi_{n+1}^{k+1}}{\sqrt{3}\left(3 - \sin\varphi_{n+1}^{k+1}\right)} \tag{5-34}$$

$$\alpha_{n+1}^{k+1} = \alpha_{n+1}^{k} + a\left(rF_{n+1}^{k}N_{n+1}^{k} - \sqrt{\frac{2}{3}}\alpha_{n+1}^{k}\right)\|d\varepsilon_{n+1}^{p^{k+1}}\| \tag{5-35}$$

$$s_{n+1}^{k+1} = s_{n+1}^{k} + \left[C\left(\frac{\bar{\sigma}_{n+1}^{k}}{R_{n+1}^{k}} - \frac{\hat{s}_{n+1}^{k}}{\chi}\right) + \alpha'_{n+1}^{k} + \frac{Q'_{n+1}^{k}}{Q_{n+1}^{k}}\hat{s}_{n+1}^{k}\right]\|d\varepsilon_{n+1}^{p^{k+1}}\| \tag{5-36}$$

（3）求解相似比 R：

$$R_{n+1}^{k+1} = \frac{-B_{n+1}^{k+1} + \sqrt{B_{n+1}^{k+1^2} - 4A_{n+1}^{k+1}c_{n+1}^{k+1}}}{2A_{n+1}^{k+1}} \tag{5-37}$$

$$A_{n+1}^{k+1} = \frac{1}{2}\|\hat{s}'_{n+1}^{k+1}\|^2 - 9(\beta_{n+1}^{k+1})^2(\hat{s}_{n+1}^{k+1})_m^2 - (Q_{n+1}^{k+1})^2 + 6\beta_{n+1}^{k+1}Q_{n+1}^{k+1}(\hat{s}_{n+1}^{k+1})_m \tag{5-38}$$

$$B_{n+1}^{k+1} = (\tilde{\sigma}'_{n+1}^{k+1} \cdot \hat{s}'_{n+1}^{k+1}) - 18(\beta_{n+1}^{k+1})^2(\tilde{\sigma}_{n+1}^{k+1})_m(\hat{s}_{n+1}^{k+1})_m + 6\beta_{n+1}^{k+1}Q_{n+1}^{k+1}(\tilde{\sigma}_{n+1}^{k+1})_m \tag{5-39}$$

$$c_{n+1}^{k+1} = \frac{1}{2}\|\tilde{\sigma}'_{n+1}^{k+1}\|^2 - 9(\beta_{n+1}^{k+1})^2(\tilde{\sigma}_{n+1}^{k+1})_m^2 \tag{5-40}$$

上述过程中出现的符号可以参考第3章的内容。

5.1.3 模型的验证

由于岩石是一种非均质介质，含有微小的裂缝和孔隙，试验得到的应力-应变曲线往往不光滑和不规则，因此很难使用数值方法来重现循环试验的相同结果。然而，我们主要关注三轴循环试验的主要特征，如滞回圈、累积塑性应变、应变软化和围压的影响。

5.1.3.1 参数的确定

该本构模型的参数列于表5-1，表中所有参数的确定需要进行不同的试验，如单轴压缩、三轴压缩或三轴循环加载试验。第3章详细阐述了杨氏模量 E、泊松比 ν、运动硬化参数 (a,r) 和次加载面模型特有参数 (u, C, χ) 等诸多参数的物理意义和求解方法。因此，本节将主要阐述改进后的CWFS模型参数的确定方法。根据不同围压下三轴循环加载的应力-应变曲线,可采用 Martin 和 Chandler(1994)提出的方法计算塑性内变量 κ。然后,以塑性内变量 κ 为自变量,我们可以得到不同围压下具有相同 κ 的不同应力。最后,黏聚力和内摩擦角随 κ 的变化可以通过莫尔-库仑准则来计算。整个求解过程可以查阅 Zhang 等(2010)、Zhou 等(2011)的成果。因此,根据黏聚力和内摩擦角随 κ 的变化,基于修正的 CWFS 模型可以得到黏聚力和内摩擦角(c_0、c_r、φ_0、φ_r)等强度参数以及黏聚力和内摩擦角的塑性内变量阈值(κ_{c_0}、κ_{c1}、κ_{φ_0}、κ_{φ_1})。如果由于试验条件和时间的限制没有进行三轴循环压缩试验,这些参数也可以通过三轴压缩试验得到,因为三轴压缩和三轴循环压缩试验计算的强度差异在合理范围内(Zhang et al.,2010;Yang et al.,2015,2017)。如图 5-4 所示,这些岩石材料的 κ_{c_0}、κ_{c1}、κ_{φ_0}、κ_{φ_1} 值变化范围分别从 0.2 到 0.3、0.8 到 1、0.2 到 0.4、0.6 到 0.8。G 表示塑性内部变量的增长率。当岩石的强度降低到残余强度时,κ 等于 1。另外,由于岩石在不同的围压下具有不同的残余强度和塑性变形,所以它与围压有关。Zhou 等(2011)通过引入单轴抗压强度 f_c,给出了以下 G 的无量纲表达式:

$$G = a_1 \left(\frac{P}{f_c}\right) + a_2 \tag{5-41}$$

式中:a_1、a_2 为要求解的拟合参数;P 为围压。因此,可以根据式(5-5)和在不同围压残余强度下破坏时的塑性偏差应变确定 G 的表达式。图 5-4 中岩石材料的拟合参数表达式见表 5-2。另外,本构模型的参数数量比较多,但大部分可以通过单轴压缩、三轴压缩试验直接求解。因此,该本构模型真正需要求解的参数数量少于二元介质模型(Liu et al.,2013a,2013b)、P-M 模型(Wen and Shi,2004)和边界面模型(Cerfontaine et al.,2017)。

表 5-1 本构模型所需的参数名称和试验类型及建议值

参数	符号	试验类型	建议值
杨氏模量	E	单轴压缩	
泊松比	ν	单轴压缩	
初始黏聚力	c_0	三轴压缩/三轴循环压缩	
残余黏聚力	c_r		
初始内摩擦角	φ_0		
残余内摩擦角	φ_r		
κ 的增长速率	G	三轴循环压缩	
内摩擦角塑性内变量阈值	κ_{φ_0}	三轴压缩/三轴循环压缩	0.2~0.4
	κ_{φ_1}		0.6~0.8
黏聚力塑性内变量阈值	κ_{c_0}		0.2~0.3
	κ_{c1}		0.8~1
运动硬化参数	a、r	循环压缩	0
次加载面特有参数	χ		0~1
	u		
	C		

表 5-2 岩石材料 G 的拟合参数

岩石类型	a_1	a_2	拟合度/R^2
T_{2b} 大理岩	−301.11	145.13	0.773 8
T_{2y}^6 大理岩	−172.49	288.5	0.542 1
Crystalline 大理岩	−56.06	28.57	0.867 7
Coarse 大理岩	−6.33	35.37	0.732 6
Indiana 石灰岩	−36.75	61.737	0.703 3
Carrara 大理岩	31.42	17.4	0.690 1
Toral de Los Vados 石灰岩	264.43	20.545	0.986 6

5.1.3.2 T_{2b} 大理岩

T_{2b} 大理岩来自锦屏Ⅱ水电站，埋深 2500m。大理岩由碳酸盐矿物组成，具有晶体结构，呈致密坚硬的块状。样品的直径和长度分别为 50mm 和 100mm。对试样进行了不同围压的三轴循环压缩试验，加载速率为 0.06mm/min，三轴循环压缩试验的标定参数见表 5-3，岩样的强度参数与塑性内变量的关系（图 5-5）。需要注意的是，有些参数是直接从文献中提供的数据中得到的(Zhou et al.，2011)，另外，杨氏模量是随围压变化的，表 5-3 中给出的杨氏模量是在 5MPa 的围压下得到的。

5MPa、20MPa 和 40MPa 的不同围压下三轴循环加载模拟和试验结果如图 5-6 所示。从文献(Zhou et al.，2011)中很难获得循环加载下的应力-应变曲线，因此，只给出了每条应力-应变曲线的上强度包络线(如图 5-6 所示的试验应力-应变曲线)(Walton et al.，2015)。可以看出，大理岩的力学行为对围压因素比较敏感。例如，在 5MPa 的围压下可以观察到岩石发生脆性破坏。随着围压的增加，大理岩的破坏行为由脆性变为延性，如在 40MPa 的围压下[图 5-6(c)]。从图中可以看出，模拟结果和试验结果之间具有很好的一致性。单独比较每个循环的试验和模拟行为并不容易，因此将每个循环对应的模拟轴向残余应变与试验结果进行比较，如图 5-7 所示。可以看出，在一定次数的加载前(例如 5MPa 围压下 0.5 个相对循环或 20MPa 围压下 0.4 个相对循环)，模拟的残余应变小于试验的残余应变。然而，数值和试验结果之间的最终残余应变差异很小，这可能是由黏聚力和内摩擦角函数的简化导致的，如图 5-5 所示。图 5-8 显示了不同围压下的体积行为。峰前的体积行为主要是裂缝张开导致的膨胀，并且与试验结果非常吻合。然而，随着载荷的增加，数值体积应变逐渐大于试验结果，这是由模拟和试验结果之间的横向应变差异直接引起的，如图 5-6 所示。然而，主要原因可能是该本构模型的屈服函数和塑性势函数具有相同的表达式。

表 5-3 T_{2b} 大理岩三轴循环压缩试验的标定参数

E/GPa	v	c_0/MPa	c_r/MPa	φ_0/(°)	φ_r/(°)	κ_{c_0}	κ_{c_1}	κ_{φ_0}	κ_{φ_1}	a	r	u	C	χ
41.59	0.192	38	7.43	34.9	44	0.2	1	0.2	0.6	0	0	800	1	1

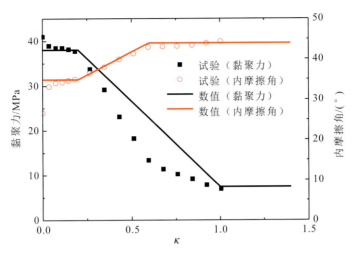

图 5-5 T$_{2b}$大理岩强度参数(黏聚力和内摩擦角)与塑性内变量的关系

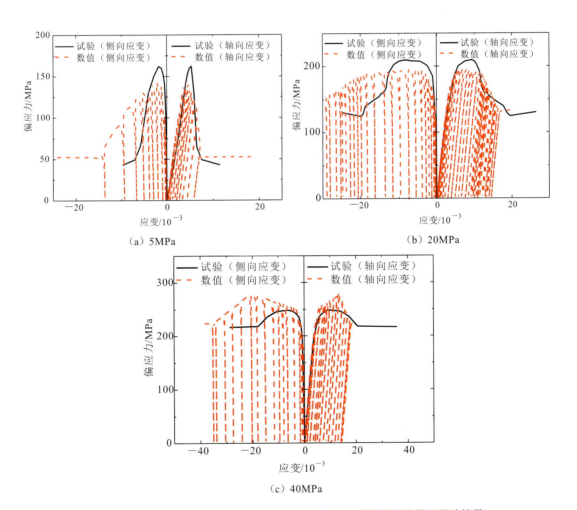

(a) 5MPa

(b) 20MPa

(c) 40MPa

图 5-6 不同围压三轴循环荷载下 T$_{2b}$大理岩应力-应变曲线数值和试验结果

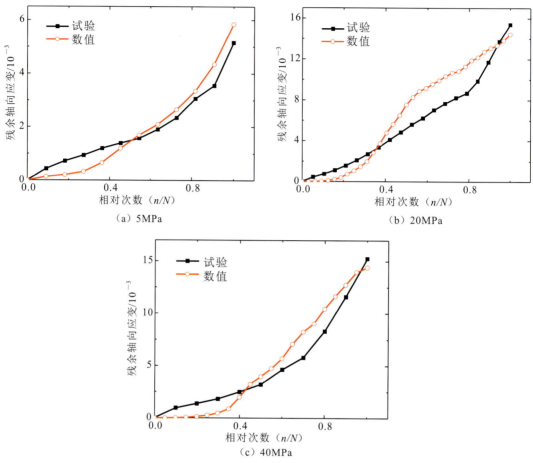

图 5-7 不同围压三轴循环荷载下 T_{2b} 大理岩残余轴向应变与相对加载次数的数值和试验结果

5.1.3.3 Crystalline 大理岩

Crystalline 大理岩主要由碳酸盐矿物(98.6%)和少量黏土矿物(1.4%)组成,它具有结晶和块状结构,所有岩样的实际直径为 50mm,长度约为 100mm。表 5-4 提供了三轴循环压缩试验的校准参数。还需要注意的是,有些参数直接来自文献中提供的数据(Yang et al.,2017),杨氏模量是随围压变化的,表 5-4 中给出的杨氏模量是在 2.5MPa 的围压下得到的。

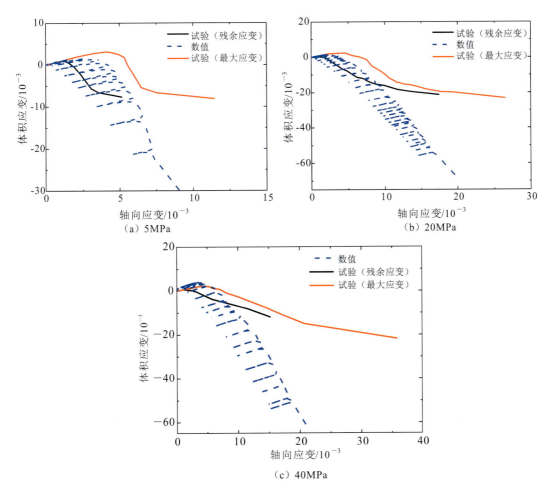

图 5-8 不同围压三轴循环荷载下 T_{2b} 大理岩体积应变与轴向应变的数值和试验结果

表 5-4 Crystalline 大理岩三轴循环压缩试验的校准参数

E/GPa	v	c_0/MPa	c_r/MPa	φ_0/(°)	φ_r/(°)	κ_{c_0}	κ_{c_1}	κ_{φ_0}	κ_{φ_1}	a	r	u	C	χ
45	0.2	12.35	0.02	42	53	0.3	0.8	0.4	0.8	0	0	500	3	1

1. 分级循环荷载

本次研究分三步进行了 2.5MPa、5.0MPa、7.5MPa 和 10MPa 不同围压条件下的三轴分级循环加载试验。首先，以 0.1MPa/s 的速率施加静水压力，直到达到所需值。接着，试样以 0.02mm/s 的轴向位移速率加载，然后通过控制轴向力以 0.4MPa/s 的速率卸载第一偏应力水平至零。最后，以这种方式继续进行应力循环，直到试样最终失效。

2.5MPa 和 10MPa 围压分级循环加载下的 Crystalline 大理岩的应力-应变曲线数值和

试验结果如图 5-9 所示。同样可以看出，该大理岩的力学行为也对围压非常敏感。大理岩的破坏行为从 2.5MPa 围压下的脆性转变到 10MPa 围压下的延性破坏，模拟结果与试验结果也比较符合。同样，单独比较每个循环的行为并不容易，因此将每个循环对应的模拟轴向残余应变与试验结果进行比较，如图 5-10 所示。我们可以看到，模拟的残余应变与试验的结果几乎相同，因为修改后的 CWFS 模型更适合结晶大理岩（图 5-11）。图 5-12 显示了不同围压三轴循环荷载下 Crystalline 大理岩体积应变随轴向应变的变化过程。由于文献（Yang et al.，2017）中缺乏横向应变，无法将数值结果与试验数据进行比较。但是，该大理岩也是从压缩到膨胀变化的，围压越大，相同轴向应变下的体积应变越小，这与试验现象是一致的（Zhou et al.，2011，Walton et al.，2015）。

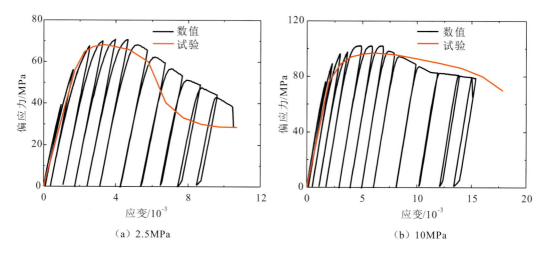

图 5-9　不同围压分级循环加载下 Crystalline 大理岩应力-应变曲线数值和试验结果

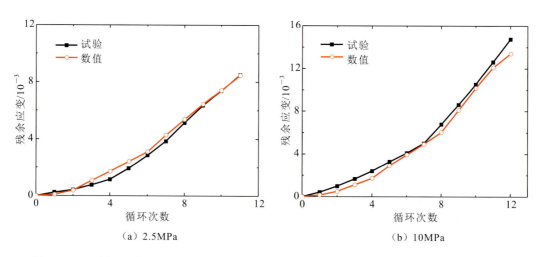

图 5-10　不同围压分级循环加载下 Crystalline 大理岩残余应变和加载次数的数值和试验结果

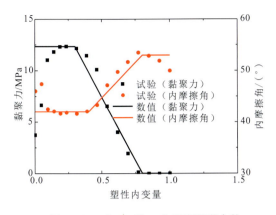

图5-11 Crystalline大理岩强度参数（黏聚力和内摩擦角）与塑性内变量的关系

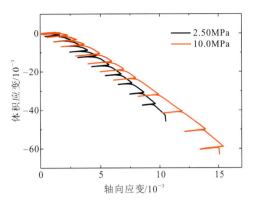

图5-12 不同围压三轴循环荷载下Crystalline大理岩体积应变随轴向应变的变化过程

2. 等幅循环荷载

岩石的强度参数可通过三轴压缩或三轴分级循环加载试验获得，而三轴等幅循环加载试验难以获得。因此，为了说明该模型能够适应三轴等幅循环加载试验，对Crystalline大理岩进行了2.5MPa、5MPa、7.5MPa和10MPa围压下的三轴等幅循环加载试验。首先，将围压施加到所需值；然后加载频率为1Hz的三角波，直到试样被破坏。最大应力水平M（即岩样承受循环载荷的最大应力与单轴抗压强度之比）设为0.8，振幅水平A（即岩样承受循环载荷时的振幅与单轴抗压强度之比）设置为0.8。材料参数同表5-4。

图5-13为不同围压等幅循环加载条件下Crystalline大理岩的应力-应变曲线数值结果。加载开始时，滞回圈是比较松散的。随着加载的进行，它变得越来越紧凑，最后又变得很松散，滞环的尺寸变大（特别是在10MPa的围压下），这与试验现象非常吻合（Xiao et al.，2009）。可以清楚地看出，该大理岩在不同围压下循环载荷达到破坏的应力低于单轴抗压强度，这也与试验结果有很好的一致性（Erarslan and Williams，2012；Liu and He，2012a）。获得每个循环的累积残余轴向应变随循环次数的演变如图5-14所示。尽管从图5-14(a)中不能清楚地看到倒"S"形曲线，但残余轴向应变增量[图5-14(b)]经历了3个阶段，即初始阶段、匀速阶段和加速阶段，随着围压的增加，这3个阶段更加明显（Liu and He，2012a）。随着围压的增加，模拟得到的大理岩疲劳寿命呈线性增加，如图5-15所示，这与Burdine（1963）的试验结果几乎一致。因此，表明该模型也可以正确捕获等幅循环载荷下最大循环数、循环后累积塑性应变和的峰后行为。

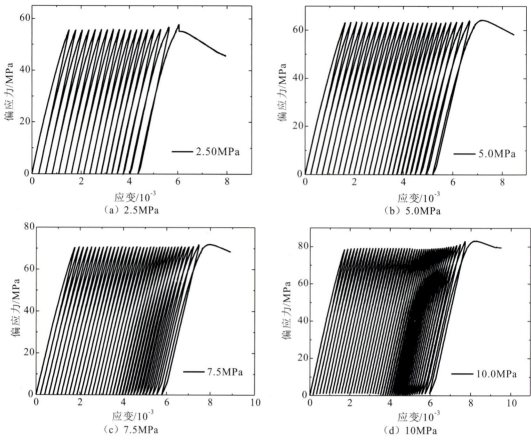

图 5-13 不同围压等幅循环加载条件下 Crystalline 大理岩应力-应变曲线的数值结果

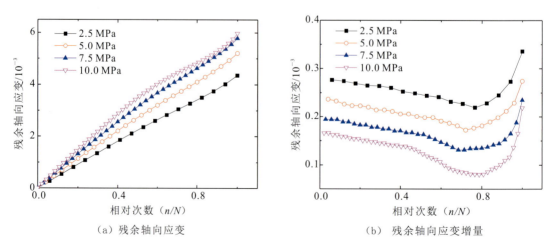

(a) 残余轴向应变

(b) 残余轴向应变增量

图 5-14 不同围压等幅循环载荷条件下 Crystalline 大理岩残余轴向应变与相对循环次数的数值结果

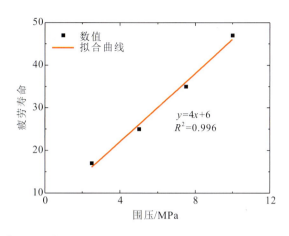

图 5-15 等幅循环荷载作用下 Crystalline 大理岩的疲劳寿命与围压数值结果

5.2 地震作用下岩石材料的动态本构模型

5.1 节中基于次加载面理论和改进的 CWFS 模型,提出了三轴循环载荷作用下岩石材料的本构模型。该本构模型可以反映岩石材料的峰后行为,但是它也没有考虑动态荷载下的应变率效应。因此,本节主要基于 5.1 节中提出的本构模型,建立并验证了能够呈现岩石材料在动态循环荷载(地震荷载等效形式)下循环行为和动力特征的动态本构模型。

5.2.1 循环荷载下岩石材料杨氏模量的变化

在正常情况下,岩石的杨氏模量在等幅循环加载或分级循环加载下呈下降趋势(Heap et al.,2009,2010;Kendrick et al.,2013;Liu and Dai,2018);然而,一些研究人员发现,在循环载荷下岩石的杨氏模量也会增加(Li et al.,2001;Trippetta et al.,2013;Yang et al.,2017;Lei et al.,2018)。例如,在频率为 0.2Hz 的循环加载下,随着应力幅值的增加,Li 等(2001)发现石膏的杨氏模量表现出 3 个阶段的行为,即首先增加,然后保持稳定,最后减小;而石膏的杨氏模量在 2Hz 频率循环加载下仅表现出前两个阶段,在 21Hz 循环加载下表现出后两个阶段。同时,频率越高,相同载荷下的杨氏模量越大。Yang 等(2017)认为受到分级循环载荷的大理岩弹性模量的演变有 4 个阶段,即显著增加、轻微减小、显著减小,最后再次轻微减小。在循环载荷下,Lei 等(2018)发现砂岩的动态弹性模量随着加载循环次数线性增加,并且杨氏模量和外加应力之间存在抛物线关系。在等幅循环载荷作用下,岩石试样的最大应变发展分为 3 个阶段,包括起始、匀速和加速阶段(Attewell and Farmer,1973;Xiao et al.,2010；Liu et al.,2017b）。然而,不同加载频率下,最大应变随循环次数的变化是不一样的,也就是说,当加载波形和应力一致时,加载频率越高,相同循环次数下的最大应变越小。加载频率对岩石的杨氏模量有增强的作用(Ma et al.,2013)。此外,Bagde 和 Petros(2005)发现砂岩的强度和杨氏模量在较大的循环加载应力下呈现增加趋势,同时,在给定的加载频率和振幅下,它们在正弦波形激励下也比斜坡波形激励下更大(Xiao et al.,2008)。基于此,Wang 等(2016)提出了一种考虑加载频率和振幅影响的盐岩模型。Yang 等(2017)从微观角度解释了杨氏模量的增加的原因,但却很难把它与宏观物理参数相关联。

对于等幅循环载荷,Xiao 等(2008)指出可以应用加载速率或应变速率来确定加载波形、加载幅度和加载频率对岩石力学性能(如强度和杨氏模量)的影响。第 4 章已经表明静态荷载的平均应变率为 $1\times10^{-5}s^{-1}$,砂岩(Lei et al.,2018)在循环荷载下的加载平均应变率随时间的变化如图 5-16 所示。可以发现,砂岩承受荷载的平均应变率约为 $1\times10^{-3}s^{-1}$,高于静态应变率。类似地,在不同频率的循环加载下,石膏试样(Li et al.,2001)的平均应变率随外加应力的变化如图 4-9 所示。可以发现,0.2Hz 下的平均应变率超过 $1\times10^{-5}s^{-1}$,频率越高,应变率越大。此外,可以看出,当大理岩(Yang et al.,2017)受到三轴循环载荷时,其应变率为 $2\times10^{-4}s^{-1}$,也大于 $1\times10^{-5}s^{-1}$。Kendrick 等(2013)在对英安岩和玄武岩进行单轴循环加载试验时,其应变率为 $1\times10^{-5}s^{-1}$,与静态应变率相同,Heap 等(2009,2010)对玄武岩、砂岩和花岗岩试样进行了分级循环荷载试验,荷载的应变率保持在 $7\times10^{-6}s^{-1}$,低于静态应变率。

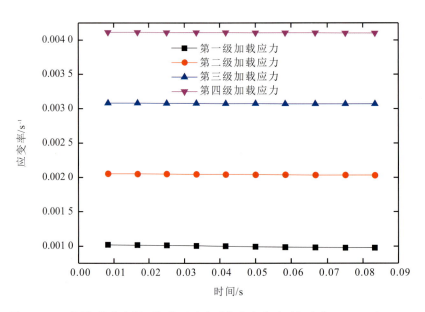

图 5-16　不同加载应力循环加载下砂岩平均应变率随时间变化(Lei et al.,2018)

综合上述分析,基于应变率的概念,解释了循环荷载下岩石材料杨氏模量变化的原因,基于此,可将对石膏(Li et al.,2001)、大理岩(Yang et al.,2017)和砂岩(Lei et al.,2018)施加的循环载荷认定为一个动载荷,考虑应变率的影响(Zhang and Zhao,2014)。然而,施加在英安岩和玄武岩(Kendrick et al.,2013)以及玄武岩、砂岩和花岗岩(Heap et al.,2009,2010)上的循环载荷只能认定为是静态载荷。

从文献(Li et al.,2001;Trippetta et al.,2013;Yang et al.,2017;Lei et al.,2018)中发现,当岩石在分级动态循环荷载下,杨氏模量的增长阶段发生在峰值应力之前,但该阶段相对较短,随后杨氏模量进入稳定阶段,如石膏(Li et al.,2001),或进入下降阶段,如大理岩(Yang et al.,2017)。Zhou 等(2011)认为疲劳损伤会随着载荷循环次数的增加而发生,并且损伤正好发生在屈服时。因此,可以假设在动态循环载荷作用下,岩石的杨氏模量存在应变率和损伤效应。虽然围压有助于杨氏模量和抗压强度的提高,但由于很少有研究表明围压效应、应变率效应和损伤效应的耦合效应,因此本书中没有考虑围压的影响(Liu and Zhao,2021)。基于此,岩石材料的杨氏模量 E 可表示为应变率 $\dot{\varepsilon}$ 和损伤变量 D 的函数:

$$E = f(\dot{\varepsilon}, D) \tag{5-42}$$

在屈服之前,该载荷完全是动态的,由于应变率效应,岩石的杨氏模量会增加。此后,岩石不仅会表现出应变率效应,还会受到损伤。如果应变率对杨氏模量的影响大于其损伤的影响,E 将随着施加的应力继续增加,但变化率将逐渐减小,砂岩就是这种情况(Lei et al.,2018)。如果应变率对杨氏模量的影响与其损伤的影响几乎相同,则根据对石膏试样(Li et al.,2001)的观察,E 随着应力的增加保持恒定。在损伤效应主导杨氏模量变化的情况下,杨氏模量不断减小的情况时常会发生(Yang et al.,2017)。然而,大多数情况下,等幅循环载荷下岩石试样塑性应变一般发生在屈服阶段。因此,通过引入一个塑性内部变量 κ,式(5-42)可以转化为如下表达式:

$$E = \begin{cases} f_1(\dot{\varepsilon}) & \kappa = 0 \\ f_2(\dot{\varepsilon}, D) & \kappa > 0 \end{cases} \tag{5-43}$$

5.2.2 动态循环荷载下杨氏模量的表达式

式(5-43)表明在确定杨氏模量表达式之前需要知道函数 $f_1(\dot{\varepsilon})$ 和 $f_2(\dot{\varepsilon}, D)$。$f_1(\dot{\varepsilon})$ 是应变率 $\dot{\varepsilon}$ 的函数,$f_2(\dot{\varepsilon}, D)$ 为应变率 $\dot{\varepsilon}$ 和损伤变量 D 的函数,因此在岩石材料的杨氏模量模型中 $f_1(\dot{\varepsilon})$ 也可以看作是动态增强因子。地震荷载通常是中低应变率荷载,因此在动态循环荷载作用下,$f_1(\dot{\varepsilon})$ 和 $f_2(\dot{\varepsilon}, D)$ 都是在中低应变率的函数。第 2 章已经研究了中低应变率下岩石材料杨氏模量的动态增强因子模型,通过数据拟合,得出了适合中低应变率下岩石材料杨氏模量的动态增强因子模型,$f_1(\dot{\varepsilon})$ 可以写成:

$$f_1(\dot{\varepsilon}) = E_s a \left[\lg\left(\frac{\dot{\varepsilon}}{\dot{\varepsilon}_s}\right) \right]^b + E_s \tag{5-44}$$

式中:E_s 为静态荷载下的杨氏模量。

第 4 章研究了 9 种岩石材料在动态单轴压缩载荷下应变速率($1\times10^{-5}\mathrm{s}^{-1}$~$1\times10^{2}\mathrm{s}^{-1}$)对应变能转换和损伤的影响。发现每种岩石材料的吸收应变能 U、耗散应变能 U_d 和弹性应

变能 U_e 及峰值强度与应变率的平均比值都不同,它们与应变率没有一致的关系。同时,峰值强度下的归一化损伤因子(NDF)与应变率之间没有一致的关系,所有岩石材料在峰值强度下的 NDF 与应变率之间存在低相关性。此外,本次还研究了 4 种岩石材料在动态循环荷载下不同比例峰值强度下的损伤变量,分析了损伤变量与应变率之间的关系,同样也得出损伤变量和应变率没有强相关性。因此,$f_2(\dot{\varepsilon},D)$ 可以写成:

$$f_2(\dot{\varepsilon},D) = f_1(\dot{\varepsilon})f_3(D) \tag{5-45}$$

式中:$f_3(D)$ 为损伤变量 D 的函数。

对循环荷载下岩石强度演化的研究较多,对岩石材料杨氏模量演化的研究相对较少(Min et al.,2020)。目前,受循环载荷作用的岩石材料杨氏模量与塑性应变或塑性内变量 κ 的关系有两种,一种是指数函数(Yang et al.,2018;Min et al.,2020),另一种是分段线性函数(Han et al.,2013;Cui et al.,2015;Feng et al.,2019)。在文献中可以发现,随着塑性应变或塑性内变量 κ 的增加,杨氏模量的演变主要包括两个阶段:第一个阶段是逐渐下降,第二个阶段是相对稳定(准恒定)阶段(Yang et al.,2018;Min et al.,2020)。因此,描述岩石材料杨氏模量劣化的两个表达式是相似的,基于此,我们假设循环荷载下岩石材料杨氏模量的表达式为:

$$f_3(D) = f_3(\kappa) = \begin{cases} 1 - D = 1 - \left(1 - \dfrac{E_E}{E_s}\right)\dfrac{\kappa}{\kappa_E} & \kappa \leqslant \kappa_E \\ D_E = \dfrac{E_E}{E_s} & \kappa > \kappa_E \end{cases} \tag{5-46}$$

式中:κ_E 为静态应变速率下杨氏模量达到残差值的阈值;E_E 为静态应变速率下的残余杨氏模量。结合式(5-45)和式(5-46),$f_2(\dot{\varepsilon},D)$ 的表达式为:

$$f_2(\dot{\varepsilon},D) = f_2(\dot{\varepsilon},\kappa) = \begin{cases} E_s\left\{a_0\left[\lg\left(\dfrac{\dot{\varepsilon}}{\dot{\varepsilon}_s}\right)\right]^b + 1\right\}\left[1 - \left(1 - \dfrac{E_E}{E_s}\right)\dfrac{\kappa}{\kappa_E}\right] & \kappa \leqslant \kappa_E \\ \left\{a_0\left[\lg\left(\dfrac{\dot{\varepsilon}}{\dot{\varepsilon}_s}\right)\right]^b + 1\right\}E_E & \kappa > \kappa_E \end{cases} \tag{5-47}$$

因此,结合式(5-43)、式(5-44)、式(5-47),地震荷载下岩石材料杨氏模量的表达式为:

$$f_2(\dot{\varepsilon},D) = f_2(\dot{\varepsilon},\kappa) = \begin{cases} E_s\left\{a_0\left[\lg\left(\dfrac{\dot{\varepsilon}}{\dot{\varepsilon}_s}\right)\right]^b + 1\right\} & \kappa = 0 \\ E_s\left\{a_0\left[\lg\left(\dfrac{\dot{\varepsilon}}{\dot{\varepsilon}_s}\right)\right]^b + 1\right\}\left[1 - \left(1 - \dfrac{E_E}{E_s}\right)\dfrac{\kappa}{\kappa_E}\right] & 0 < \kappa \leqslant \kappa_E \\ \left\{a_0\left[\lg\left(\dfrac{\dot{\varepsilon}}{\dot{\varepsilon}_s}\right)\right]^b + 1\right\}E_E & \kappa > \kappa_E \end{cases} \tag{5-48}$$

5.2.3 动态循环荷载下抗压强度的表达式

与杨氏模量的行为一样,岩石材料的单轴抗压强度在不同频率循环载荷下也表现出应变率和损伤效应(Li et al.,2001;Xiao et al.,2008)。因此,动态循环载荷下岩石材料的抗压强度 σ_c 可表示为:

$$\sigma_c = \begin{cases} f_4(\dot{\varepsilon}) & \kappa = 0 \\ f_5(\dot{\varepsilon},D) = f_4(\dot{\varepsilon})f_6(D) & \kappa > 0 \end{cases} \quad (5-49)$$

式中:$f_4(\dot{\varepsilon})$ 是应变率 $\dot{\varepsilon}$ 的函数;$f_6(D)$ 是损伤变量 D 的函数。

对于岩石材料的抗压强度动态增加因子模型,第 2 章已经研究了中低应变率下岩石材料抗压强度的动态增强因子模型,通过数据拟合,得出了适合中低应变率下岩石材料抗压强度的动态增强因子模型,因此抗压强度的表达式可以写成:

$$\sigma_c = f_4(\dot{\varepsilon}) = \sigma_s \left[d\lg\left(\frac{\dot{\varepsilon}}{\dot{\varepsilon}_s}\right) + 1 \right] \quad (5-50)$$

式中:σ_s 为静态抗压强度;d 为材料参数。

通常,使用强度参数(黏聚力和内摩擦角)比使用单轴抗压强度更方便描述本构模型,例如 Drucker-Prager 屈服准则和莫尔-库仑屈服准则。此外,修正的 CWFS 模型显示损伤时也是基于强度参数,因此为了一致性,需要对抗压强度进行变换。基于莫尔-库仑屈服准则,岩石材料单轴抗压强度的表达式为:

$$\sigma_s = \frac{2\cos\varphi}{1 - \sin\varphi}c \quad (5-51)$$

Liet 等(2000)指出,在不同应变率下岩石材料动态单轴压缩的增加主要由黏聚力反映,与内摩擦角无关。换句话说,内摩擦角和应变率之间没有关系。因此,基于式(5-50),岩石材料在中、低应变率下的黏聚力可表达为:

$$c = c_0 \left[d\lg\left(\frac{\dot{\varepsilon}}{\dot{\varepsilon}_s}\right) + 1 \right] \quad (5-52)$$

因此,结合式(5-49)、式(5-52)以及式(5-6),动态循环载荷下的黏聚力表达式为:

$$c(\dot{\varepsilon},D) = c(\dot{\varepsilon},\kappa) = \begin{cases} c_0\left[d\lg\left(\frac{\dot{\varepsilon}}{\dot{\varepsilon}_s}\right)+1\right] & \kappa \leqslant \kappa_{c_0} \\ c_0\left[d\lg\left(\frac{\dot{\varepsilon}}{\dot{\varepsilon}_s}\right)+1\right]\left[\frac{c_r}{c_0}+\frac{\kappa_{c_1}-\kappa}{\kappa_{c_1}-\kappa_{c_0}}\left(1-\frac{c_r}{c_0}\right)\right] & \kappa_{c_0} < \kappa < \kappa_{c_1} \\ c_r\left[d\lg\left(\frac{\dot{\varepsilon}}{\dot{\varepsilon}_s}\right)+1\right] & \kappa \geqslant \kappa_{c_1} \end{cases} \quad (5-53)$$

式(5-7)则可描述岩石材料在动态循环载荷下的内摩擦角的变化。

5.2.4 动态本构模型

动态循环加载下岩石材料的动态本构模型不仅可以描述静态应变率循环加载下岩石材

料的滞后回线、累积塑性应变和损伤,还可以反映不同频率的动态循环加载或者动态荷载下的应变率效应。因此,基于5.1节中的本构模型,考虑应变率的影响以及应变率与损伤的耦合作用,构建了适合动态循环加载的岩石材料动力本构模型,动态本构模型的次加载面可以表示为:

$$F(\bar{\sigma}, \dot{\varepsilon}, \kappa) = \sqrt{J_2} + \beta(\kappa) \bar{I}_1 = RQ(\dot{\varepsilon}, \kappa) \tag{5-54}$$

$$\beta(\kappa) = \frac{2\sin\varphi(\kappa)}{\sqrt{3}[3 - \sin\varphi(\kappa)]} \tag{5-55}$$

$$Q(\dot{\varepsilon}, \kappa) = \frac{6c(\dot{\varepsilon}, \kappa)\cos\varphi(\kappa)}{\sqrt{3}[3 - \sin\varphi(\kappa)]} \tag{5-56}$$

在使用岩石材料动态本构模型时,应考虑杨氏模量的表达式[式(5-48)]。

该动态本构模型与5.1节中提出的本构模型的主要区别在于是否考虑应变率对强度和杨氏模量的影响,以及应变率和损伤的耦合效应,主要体现在杨氏模量和黏聚力的表达式中。因此,动态本构模型的数值实现与5.1节中提出的本构模型几乎相同,主要区别在于需要在每个时间步长及其迭代中计算应变率并更新杨氏模量和黏聚力的值。

同样,动态本构模型的大多数参数的确定已在第3章以及5.1节中进行了详细的阐述,解释了动态本构模型独特的参数:a_0、b、d、E_E 和 κ_E。这里 a_0、b 和 d 是不同应变率下杨氏模量和黏聚力的拟合参数,根据动态荷载试验岩石材料的杨氏模量和单轴抗压强度随应变率的变化,这些拟合参数可以由式(5-44)和式(5-50)推导出来。根据岩石试样在静态应变速率下承受循环载荷的应力-应变曲线,可以快速找到岩石达到其残值的点,然后可以根据应力-应变曲线计算该点的杨氏模量(这是残余杨氏模量 E_E),最终可以使用式(5-46)推导出杨氏模量的阈值 κ_E。

5.2.5 动态本构模型的数值实现过程

基于弹塑性修正的思想,通过有限元法,详细介绍了该动态本构模型的数值实现流程。
(1) 设置初始内部变量:

$$s_{n+1}^k = s_n, \alpha_{n+1}^k = \alpha_n, R_{n+1}^k = R_n, Q_{n+1}^k = Q_n, \kappa_{n+1}^k = \kappa_n, \dot{\varepsilon}_{n+1}^k = \dot{\varepsilon}_n, (\boldsymbol{D}^{el})_{n+1}^k = (\boldsymbol{D}^{el})_n \tag{5-57}$$

式中:n 为时间计算步;k 为迭代步;$\boldsymbol{D}^{el}$ 为弹性矩阵。
(2) 弹性预测。应力计算如下:

$$\sigma_{n+1}^{k+1} = \sigma_{n+1}^k + (\boldsymbol{D}^{el})_{n+1}^k d\varepsilon_{n+1}^k \tag{5-58}$$

$$\bar{\sigma}_{n+1}^{k+1} = \sigma_{n+1}^k - R_{n+1}^k \alpha_{n+1}^k + s_{n+1}^k (R_{n+1}^k - 1) \tag{5-59}$$

式中:$d\varepsilon$ 为应变增量。
(3) 屈服判断:如果 $\left\|\dfrac{d\varepsilon_{n+1}^{k+1}}{dt}\right\| < \dot{\varepsilon}_{n+1}^k$,则 $\dot{\varepsilon}_{n+1}^{k+1} = \dot{\varepsilon}_{n+1}^k$;否则,$\dot{\varepsilon}_{n+1}^{k+1} = \left\|\dfrac{d\varepsilon_{n+1}^k}{dt}\right\|$。

如果 $f(\bar{\sigma}_{n+1}^{k+1}, \dot{\varepsilon}_{n+1}^{k+1}, \kappa_{n+1}^k) - R_{n+1}^k Q_{n+1}^k \leqslant 0$ \hfill (5-60)

则应力为计算得到的应力,转步骤(4)中的③;否则,应进行相应的塑性校正。式中:$\mathrm{d}t$ 为时间增量。

(4)塑性校正。

①求解塑性因子:

$$\mathrm{d}\lambda_{n+1}^{k+1} = \frac{f(\overline{\boldsymbol{\sigma}}_{n+1}^{k+1}, \boldsymbol{\varepsilon}_{n+1}^{k+1}, \kappa_{n+1}^{k}) - R_{n+1}^{k} Q(\boldsymbol{\varepsilon}_{n+1}^{k+1}, \kappa_{n+1}^{k})}{\left\| \frac{\partial f(\overline{\boldsymbol{\sigma}}_{n+1}^{k+1}, \boldsymbol{\varepsilon}_{n+1}^{k+1}, \kappa_{n+1}^{k})}{\partial \overline{\boldsymbol{\sigma}}_{n+1}^{k+1}} \right\| (M_{n+1}^{k} + \boldsymbol{N}_{n+1}^{k} \cdot (\boldsymbol{D}^{\mathrm{el}})_{n+1}^{k} \cdot \boldsymbol{N}_{n+1}^{k})} \quad (5-61)$$

$$\boldsymbol{N}_{n+1}^{k} = \frac{\frac{\partial f(\overline{\boldsymbol{\sigma}}_{n+1}^{k+1}, \boldsymbol{\varepsilon}_{n+1}^{k+1}, \kappa_{n+1}^{k})}{\partial \overline{\sigma}_{n+1}^{k+1}}}{\left\| \frac{\partial f(\overline{\boldsymbol{\sigma}}_{n+1}^{k+1}, \boldsymbol{\varepsilon}_{n+1}^{k+1}, \kappa_{n+1}^{k})}{\partial \overline{\boldsymbol{\sigma}}_{n+1}^{k+1}} \right\|} \quad (5-62)$$

$$M_{n+1}^{k} = \boldsymbol{N}_{n+1}^{k} \cdot \left\{ \begin{array}{l} \left(\frac{\partial Q_{n+1}^{k}}{\partial \kappa_{n+1}^{k}}\right) L_{n+1}^{k} \frac{\overline{\boldsymbol{\sigma}}_{n+1}^{k+1}}{R_{n+1}^{k}} + \frac{\partial \boldsymbol{\alpha}_{n+1}^{k}}{\partial \kappa_{n+1}^{k}} - u \ln R_{n+1}^{k} \frac{\widetilde{\boldsymbol{\sigma}}_{n+1}^{k}}{R_{n+1}^{k}} + C(1-R_{n+1}^{k}) \left(\frac{\overline{\boldsymbol{\sigma}}_{n+1}^{k+1}}{R_{n+1}^{k}} - \frac{\hat{\boldsymbol{s}}_{n+1}^{k}}{\chi}\right) - \\ \frac{1-R_{n+1}^{k}}{\chi Q_{n+1}^{k}} \frac{\partial f(\boldsymbol{s}_{n+1}^{k}, \boldsymbol{\varepsilon}_{n+1}^{k+1}, \kappa_{n+1}^{k})}{\partial \kappa_{n+1}^{k}} W_{n+1}^{k} \hat{\boldsymbol{s}}_{n+1}^{k} - \frac{1}{R_{n+1}^{k} Q_{n+1}^{k}} \frac{\partial f(\overline{\boldsymbol{\sigma}}_{n+1}^{k+1}, \boldsymbol{\varepsilon}_{n+1}^{k+1}, \kappa_{n+1}^{k})}{\partial \kappa_{n+1}^{k}} L_{n+1}^{k} \overline{\boldsymbol{\sigma}}_{n+1}^{k+1} \end{array} \right\}$$

$$(5-63)$$

$$L_{n+1}^{k} = G \sqrt{\frac{2}{3} \left[K \cdot \frac{\partial f(\overline{\boldsymbol{\sigma}}_{n+1}^{k+1}, \boldsymbol{\varepsilon}_{n+1}^{k+1}, \kappa_{n+1}^{k})}{\partial \overline{\boldsymbol{\sigma}}_{n+1}^{k+1}}\right] \left[K \cdot \frac{\partial f(\overline{\boldsymbol{\sigma}}_{n+1}^{k+1}, \boldsymbol{\varepsilon}_{n+1}^{k+1}, \kappa_{n+1}^{k})}{\partial \overline{\boldsymbol{\sigma}}_{n+1}^{k+1}}\right]} \quad (5-64)$$

$$W_{n+1}^{k} = G \sqrt{\frac{2}{3} \left[K \cdot \frac{\partial f(\boldsymbol{s}_{n+1}^{k}, \boldsymbol{\varepsilon}_{n+1}^{k+1}, \kappa_{n+1}^{k})}{\partial \boldsymbol{s}_{n+1}^{k}}\right] \left[K \cdot \frac{\partial f(\boldsymbol{s}_{n+1}^{k}, \boldsymbol{\varepsilon}_{n+1}^{k+1}, \kappa_{n+1}^{k})}{\partial \boldsymbol{s}_{n+1}^{k}}\right]} \quad (5-65)$$

$$\hat{\boldsymbol{s}}_{n+1}^{k} = \boldsymbol{s}_{n+1}^{k} - \boldsymbol{\alpha}_{n+1}^{k} \quad (5-66)$$

$$\overline{\boldsymbol{\sigma}}_{n+1}^{k} = \boldsymbol{\sigma}_{n+1}^{k} - \boldsymbol{s}_{n+1}^{k} \quad (5-67)$$

②更新内部变量:

$$\mathrm{d}\boldsymbol{\varepsilon}_{n+1}^{\mathrm{p}\,k+1} = \mathrm{d}\lambda_{n+1}^{k+1} \boldsymbol{N}_{n+1}^{k} \quad (5-68)$$

$$\kappa_{n+1}^{k+1} = \kappa_{n+1}^{k} + G \sqrt{\frac{2}{3} \left[\mathrm{d}\varepsilon_{n+1}^{\mathrm{p}\,k+1} - \frac{1}{3}\mathrm{tr}(\mathrm{d}\varepsilon_{n+1}^{\mathrm{p}\,k+1})\right] \left[\mathrm{d}\varepsilon_{n+1}^{\mathrm{p}\,k+1} - \frac{1}{3}\mathrm{tr}(\mathrm{d}\varepsilon_{n+1}^{\mathrm{p}\,k+1})\right]} \quad (5-69)$$

$$(\boldsymbol{D}^{\mathrm{el}})_{n+1}^{k+1} = \begin{cases} (\boldsymbol{D}^{\mathrm{el}})_0 \left\{a_0 \left[\lg\left(\frac{\dot{\varepsilon}_{n+1}^{k+1}}{\dot{\varepsilon}_s}\right)\right]^b + 1\right\} & \kappa = 0 \\ (\boldsymbol{D}^{\mathrm{el}})_0 \left\{a_0 \left[\lg\left(\frac{\dot{\varepsilon}_{n+1}^{k+1}}{\dot{\varepsilon}_s}\right)\right]^b + 1\right\} \left[1 - \left(1 - \frac{E_E}{E_s}\right)\frac{\kappa_{n+1}^{k+1}}{\kappa_E}\right] & 0 < \kappa_{n+1}^{k+1} \leqslant \kappa_E \\ (\boldsymbol{D}^{\mathrm{el}})_0 \left\{a_0 \left[\lg\left(\frac{\dot{\varepsilon}_{n+1}^{k+1}}{\dot{\varepsilon}_s}\right)\right]^b + 1\right\} \left(\frac{E_E}{E_s}\right) & \kappa_{n+1}^{k+1} > \kappa_E \end{cases} \quad (5-70)$$

$$\boldsymbol{\sigma}_{n+1}^{k+1} = \boldsymbol{\sigma}_{n+1}^{k} + (\boldsymbol{D}^{\mathrm{el}})_{n+1}^{k} \left[\mathrm{d}\boldsymbol{\varepsilon}_{n+1}^{k+1} - \mathrm{d}\boldsymbol{\varepsilon}_{n+1}^{\mathrm{p}\,k+1}\right] \quad (5-71)$$

$$c(\boldsymbol{\varepsilon}_{n+1}^{k+1}, \kappa_{n+1}^{k+1}) = \begin{cases} c_0 \left[d\lg\left(\frac{\dot{\varepsilon}_{n+1}^{k+1}}{\dot{\varepsilon}_s}\right) + 1\right] & \kappa_{n+1}^{k+1} \leqslant \kappa_{c_0} \\ c_0 \left[d\lg\left(\frac{\dot{\varepsilon}_{n+1}^{k+1}}{\dot{\varepsilon}_s}\right) + 1\right] \left[\frac{c_r}{c_0} + \frac{\kappa_{c_1} - \kappa_{n+1}^{k+1}}{\kappa_{c_1} - \kappa_{c_0}}\left(1 - \frac{c_r}{c_0}\right)\right] & \kappa_{c_0} < \kappa_{n+1}^{k+1} < \kappa_{c_1} \\ c_r \left[d\lg\left(\frac{\dot{\varepsilon}_{n+1}^{k+1}}{\dot{\varepsilon}_s}\right) + 1\right] & \kappa_{n+1}^{k+1} \geqslant \kappa_{c_1} \end{cases} \quad (5-72)$$

$$\varphi_{n+1}^{k+1} = \begin{cases} \varphi_0 & \kappa_{n+1}^{k+1} \leqslant \kappa_{\varphi_0} \\ \varphi_0 + \dfrac{\kappa_{\varphi_0} - \kappa_{n+1}^{k+1}}{\kappa_{\varphi_0} - \kappa_{\varphi_1}} (\varphi_r - \varphi_0) & \kappa_{\varphi_0} < \kappa_{n+1}^{k+1} < \kappa_{\varphi_1} \\ \varphi_r & \kappa_{n+1}^{k+1} \geqslant \kappa_{\varphi_1} \end{cases} \quad (5-73)$$

$$Q_{n+1}^{k+1} = \frac{6c(\dot{\varepsilon}_{n+1}^{k+1} \cdot \kappa_{n+1}^{k+1})\cos\varphi_{n+1}^{k+1}}{\sqrt{3}(3 - \sin\varphi_{n+1}^{k+1})} \quad (5-74)$$

$$\boldsymbol{\alpha}_{n+1}^{k+1} = \boldsymbol{\alpha}_{n+1}^{k} + a\left(rQ_{n+1}^{k+1}N_{n+1}^{k} - \sqrt{\frac{2}{3}}\boldsymbol{\alpha}_{n+1}^{k}\right)\|\mathrm{d}\boldsymbol{\varepsilon}_{n+1}^{p\,k+1}\| \quad (5-75)$$

$$\boldsymbol{s}_{n+1}^{k+1} = \boldsymbol{s}_{n+1}^{k} + \left[C\left(\frac{\bar{\boldsymbol{\sigma}}_{n+1}^{k+1}}{R_{n+1}^{k}} - \frac{\hat{\boldsymbol{s}}_{n+1}^{k}}{\chi}\right) + \frac{\partial \boldsymbol{\alpha}_{n+1}^{k+1}}{\partial \kappa_{n+1}^{k+1}} + \left(\frac{\partial Q_{n+1}^{k+1}}{\partial \kappa_{n+1}^{k+1}}\right)\hat{\boldsymbol{s}}_{n+1}^{k}\right]\|\mathrm{d}\boldsymbol{\varepsilon}_{n+1}^{p\,k+1}\| \quad (5-76)$$

式中：$(\boldsymbol{D}^{\mathrm{el}})_0$ 为初始弹性矩阵。

③求解相似比 R：

$$R_{n+1}^{k+1} = \frac{-B_{n+1}^{k+1} + \sqrt{B_{n+1}^{k+1\,2} - 4A_{n+1}^{k+1}z_{n+1}^{k+1}}}{2A_{n+1}^{k+1}} \quad (5-77)$$

$$A_{n+1}^{k+1} = \frac{1}{2}\left\|(\boldsymbol{s}_{n+1}^{k+1} - \boldsymbol{\alpha}_{n+1}^{k+1})'\right\|^2 - 9(\beta_{n+1}^{k+1})^2(\boldsymbol{s}_{n+1}^{k+1} - \boldsymbol{\alpha}_{n+1}^{k+1})_m^2 - (Q_{n+1}^{k+1})^2 + 6\beta_{n+1}^{k+1}Q_{n+1}^{k+1}(\boldsymbol{s}_{n+1}^{k+1} - \boldsymbol{\alpha}_{n+1}^{k+1})_m$$

$$(5-78)$$

$$B_{n+1}^{k+1} = \left[(\boldsymbol{s}_{n+1}^{k+1} - \boldsymbol{\alpha}_{n+1}^{k+1})' \cdot (\boldsymbol{\sigma}_{n+1}^{k+1} - \boldsymbol{s}_{n+1}^{k+1})'\right] - 18(\beta_{n+1}^{k+1})^2(\boldsymbol{s}_{n+1}^{k+1} - \boldsymbol{\alpha}_{n+1}^{k+1})_m(\boldsymbol{\sigma}_{n+1}^{k+1} - \boldsymbol{s}_{n+1}^{k+1})_m +$$

$$6\beta_{n+1}^{k+1}Q_{n+1}^{k+1}(\boldsymbol{\sigma}_{n+1}^{k+1} - \boldsymbol{s}_{n+1}^{k+1})_m \quad (5-79)$$

$$z_{n+1}^{k+1} = \frac{1}{2}\left\|(\boldsymbol{\sigma}_{n+1}^{k+1} - \boldsymbol{s}_{n+1}^{k+1})'\right\|^2 - 9(\beta_{n+1}^{k+1})^2(\boldsymbol{\sigma}_{n+1}^{k+1} - \boldsymbol{s}_{n+1}^{k+1})_m^2 \quad (5-80)$$

(5) 判断平衡：

如果 $\left\|g(\boldsymbol{\sigma}_{n+1}^{k+1})_{\mathrm{int}} - g(\boldsymbol{\sigma}_{n+1}^{k+1})_{\mathrm{ext}}\right\| < \mathrm{ToL} \quad (5-81)$

则进行到下一步［步骤（1）］，直到结束。否则，跳到步骤（2）继续迭代。式中：$g(\sigma_{n+1}^{k+1})_{\mathrm{int}}$、$g(\sigma_{n+1}^{k+1})_{\mathrm{ext}}$ 分别为内力和外力；ToL 是允许误差。

5.2.6 动态本构模型的验证

5.2.6.1 $T_{2y}6$ 大理岩

$T_{2y}6$ 大理岩是锦屏二级水电站埋藏深度 1700m 的岩石。对 $T_{2y}6$ 大理岩（直径 50mm，长度 100mm）试样施加围压为 10MPa 的三轴分级循环荷载（Zhang et al.，2010），加载速率在 20～30kN/min 之间，卸载阶段为 30kN/min。图 5-17(a) 显示了强度参数与塑性内变量的关系,杨氏模量和抗压强度随应变率的表达式分别参见图 5-17(b)和图 5-17(c)(Zhou et al.,2015)。不同围压下杨氏模量随塑性内变量的变化如图 5-17(d)所示。在此基础上,$T_{2y}6$ 大理岩在 10MPa 围压下的参数如表 5-5 所示。

表 5-5 $T_{2y}6$ 大理岩的参数

E_s/GPa	κ_E	E_E/GPa	v	c_0/MPa	c_r/MPa	φ_0 (°)	φ_r (°)	κ_{c_0}	κ_{c_1}
29.92	1	24.09	0.15	23.84	7.95	18.72	32.67	0.4	1
κ_{φ_0}	κ_{φ_1}	a	r	u	C	χ	a_0	b	d
0	0.4	0	0	2000	1	1	0.073 1	0.634	0.30

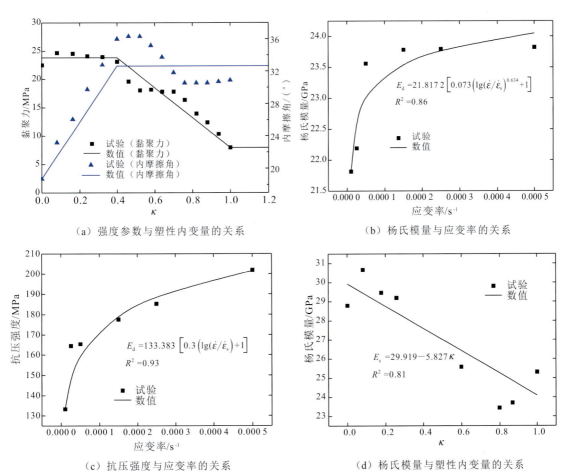

(a) 强度参数与塑性内变量的关系

(b) 杨氏模量与应变率的关系

(c) 抗压强度与应变率的关系

(d) 杨氏模量与塑性内变量的关系

图 5-17 $T_{2y}6$ 大理岩强度参数和杨氏模量的变化

可以计算出,在 10MPa 围压循环加载下,$T_{2y}6$ 大理岩在加载和卸载阶段的应变速率约为 $5.65×10^{-5}s^{-1}$,因此对 $T_{2y}6$ 大理岩在 10MPa 围压下三轴分级循环加载进行了 4 种不同情况下的研究:①只考虑对强度的损伤影响、不考虑应变率和损伤对杨氏模量的影响;②只考虑对杨氏模量和强度的损伤;③同时考虑应变率($1.85×10^{-5}s^{-1}$)和损伤对杨氏模量与强度的影响;④考虑应变率($4.3×10^{-5}s^{-1}$)和损伤对杨氏模量与强度的影响。$T_{2y}6$ 大理岩应力-应变曲线数值和试验结果如图 5-18 所示。需要指出的是,第一种情况是使用 5.1 节提出的静态本构模型进行研究的,其他案例则使用动态本构模型进行研究。由于难以获得整个试验过程中的应力-应变曲线,因此使用应力-应变曲线的上强度包络线代替整个试验过程中的加载和卸载应力-应变曲线(Walton et al.,2015)。总的来说,数值和试验结果之间的应力-应变曲线具有良好的一致性,但这 4 种数值情况之间的抗压强度存在显著差异。动态本构模型获得的抗压强度大于 5.1 节中提出的不考虑应变率效应的静态本构模型时获得的抗压强度。应变速率越高,抗压强度越大,动态本构模型在应变速率为 $4.3×10^{-5}s^{-1}$ 时得到的强度与实验结果接近,表明动态本构模型可以很好地预测 $T_{2y}6$ 大理岩在中低应变率动态循环载荷下的力学性能(图 5-18)。图 5-19 显示了残余轴向应变随施加到 $T_{2y}6$ 大理岩的相对循环次数的变化,也可以看出,动态本构模型得到的残余轴向应变比静态本构模型得到的残余轴向应变更接近试验结果。尽管使用动态本构模型时后 3 种数值情况的残余轴向应变差异不大,但仅考虑杨氏模量和强度损伤时获得的抗压强度比其他两种情况下获得的抗压强度要小[同样小于试验结果(图 5-18)],这也表明需要考虑应变率对岩石材料力学性能的影响。

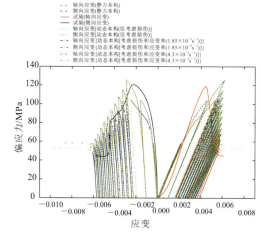

图 5-18 $T_{2y}6$ 大理岩应力-应变曲线数值和试验结果

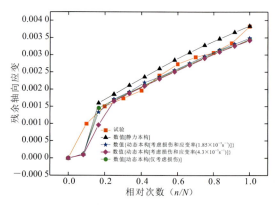

图 5-19 $T_{2y}6$ 大理岩残余轴向应变与相对循环次数的数值和试验结果

5.2.6.2 玄武岩的相似材料

大岗山水电站玄武岩相似材料的试件是一个立方体,边长 150mm。根据动力相似理论,相似材料与玄武岩需要满足几何尺寸相似、材料性质相似、动力特性相似等要求。经过多次尝试,相似材料设计主要包括铁粉、重晶石粉、石英砂、石膏、水,其配比为 176∶264∶66∶50∶60。对该试样进行了单轴循环荷载试验,先将载荷增加到平均值 20kN,再进行幅值为 27kN 的正弦载荷施加直到材料破坏,荷载的平均应变率为 $6.67×10^{-5}\text{s}^{-1}$。材料的强度和杨氏模量随应变率的变化如图 5-20 所示,材料主要参数列于表 5-6 中。同样,通过动态和静态本构模型实现了对相似材料的等幅循环加载数值模拟。

表 5-6 相似材料的参数

E_s/GPa	κ_E	E_E/GPa	v	c_0/MPa	c_r/MPa	φ_0/(°)	φ_r/(°)	κ_{c_0}	κ_{c_1}
0.561	1	0.561	0.25	0.48	0.07	35	42	0	0.6
κ_{φ_0}	κ_{φ_1}	a	r	u	C	χ	a_0	b	d
0	0.6	0	0	6000	1	1	0.155	2.094	0.066

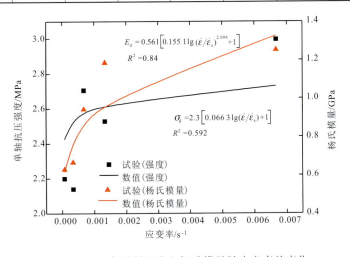

图 5-20 相似材料强度和杨氏模量随应变率的变化

如图 5-21 所示。由于限制,不可能独立比较每个循环的结果。从图 5-21 中可以看出,两种情况下都能正确再现岩石的力学行为趋势。在加载开始时,滞回圈是松散的,随着加载的进行,它变得很紧凑,最后又会变得非常松散,与试验结果相同。基于次加载面理论,在初始加载过程中,相似中心面随着应力而逐渐增大,在此过程中会产生塑性应变。在卸载过程中,次加载面会逐渐收缩,因此只有弹性应变会产生,直到应力降低到相似中心为止(Hashiguchi,2009)。由于最大加载应力与最小加载应力之差很小,在卸载和加载过程中只产生弹性应变,因此模型没有表现出图 5-21 中应力的急剧下降。不同循环次数下的累积

地震作用下岩石材料的动态本构模型

塑性应变如图 5-21 所示,当材料开始失效时,动态和静态本构模型预测的累积塑性应变分别为 0.003 648 和 0.005 068,最后一个循环的最终累积塑性应变分别为 0.012 48 和 0.012 68。对比试验测得的累积塑性应变,可以发现动态本构模型的数值结果与试验结果的累积塑性应变差异小于静态本构模型的数值结果与试验结果的差异。尽管动态本构模型获得的卸载模量数值结果与试验获得的数值结果之间存在差异,但动态本构模型比静态本构模型更准确地捕获了相似材料的力学性能。图 5-22 为相似材料在不同本构模型下单轴压缩的应力-应变曲线,动态本构模型得到的单轴抗压强度和杨氏模量均大于静态本构模型。因此,当此类地质材料受到中低应变率的动态循环载荷时,最好选择动态本构模型。

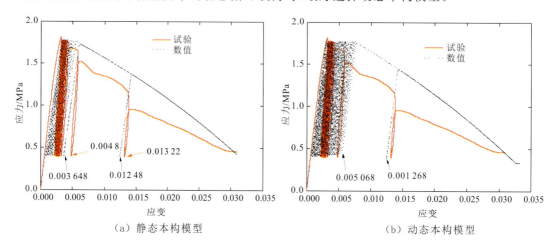

图 5-21 相似材料在不同本构模型下应力-应变曲线的数值和试验结果

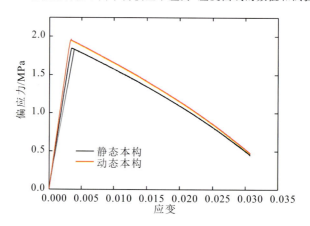

图 5-22 相似材料在不同本构模型下单轴压缩应力-应变曲线

5.3 真三轴动态循环荷载下岩石材料的力学性质

岩石地下工程,如交通领域的隧道、水电行业的地下洞室、能源领域的储油库等,是普遍存在的,未来将在中国西部大量建设(Hu et al.,2019)。这些项目规模巨大,是生命线和能源开发项目的关键基础设施,但我国西部地区地震频发,且多为浅源强震,大部分地区基本地震烈度为Ⅷ度或在Ⅷ度以上。因此,这些岩石地下工程在地震作用下的性能和稳定性将影响甚至控制重大工程使用寿命期间的安全。研究岩石的动态力学特性将更好地保障岩石地下工程项目的稳定性(Liu et al.,2017)。然而,目前研究主要侧重于岩石材料在单轴(或常规)三轴循环载荷($\sigma_1 > \sigma_2 = \sigma_3$)的力学响应。

在深埋地下岩石工程中,围岩通常处于真三维应力状态($\sigma_1 > \sigma_2 > \sigma_3$),$\sigma_2$ 对岩石材料变形和力学性能的影响显著(Browning et al.,2017,2018;Gao and Feng,2019;Feng et al.,2020;Hu et al.,2020;Luo et al.,2020)。加载速率或频率通常对循环加载下岩石材料的力学性能有显著影响。然而,目前关于岩石材料在真三轴循环压缩下的特性研究很少(Feng et al.,2020;Hu et al.,2020)。此外,关于不同 σ_2 和加载速率的真三轴循环加载下岩石材料力学特性的研究较少,基于此,笔者开展了本节的研究。

5.3.1 计算方案

为了研究真三轴循环载荷下硬岩的动态力学特性,使用 $T_{2y}6$ 大理岩作为研究对象,材料参数如表 5-5 中所示。由于杨氏模量具有围压效应,因此初始和残余杨氏模量分别设置为 25GPa 和 22GPa,数值的确定基于该大理岩在 5MPa 围压下循环加载试验的数据,与本试验中的数值接近(如表 5-7 所示)。每个大理岩试样都是边长为 100mm 的立方体,加载示意图如图 5-23(a)所示,该方向的加载应力-历程路径如图 5-23(b)所示,其他方向均承受恒定载荷,包括 σ_2 和 σ_3。在模型底部施加竖向约束,σ_1 方向上的加载波形为三角形,初始应力为 0MPa,第一个加载循环中的最大应力为 20MPa;然后每个循环增加为 20MPa,每个循环的最小应力为 4MPa;重复施加三角波,直到试样破坏。此外,每次加载和卸载速率都是恒定的。为了研究加载速率对真三轴动态分级循环加载下 $T_{2y}6$ 大理岩动态力学性能的影响,以及常规三轴和真三轴动态分级循环加载下动态力学性能的差异,数值试验加载方案汇总见表 5-7。

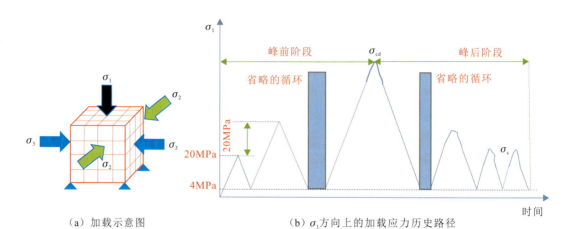

（a）加载示意图　　　　（b）σ_1方向上的加载应力历史路径

图 5-23　加载示意图和 σ_1 方向上的加载应力历史路径

表 5-7　T_2y^6 大理岩真三轴动态循环加载数值试验加载方案

编号	σ_3/MPa	σ_2/MPa	加载速率/(MPa·s^{-1})	寿命	σ_{cd}/MPa	σ_s/MPa
A1	4	4	0.2	10	105.54	46.01
A2			0.5	15	116.46	48.30
A3			1	15	119.95	50.68
A4			2	16	131.33	53.28
B1	4	8	0.2	14	113.20	50.76
B2			0.5	15	120.00	54.54
B3			1	16	129.58	57.20
B4			2	16	137.94	59.63
C1	4	16	0.2	15	120.00	63.11
C2			0.5	16	134.40	66.31
C3			1	16	139.96	69.30
C4			2	17	146.84	71.34
D1	4	32	0.2	16	147.89	84.49
D2			0.5	17	153.19	87.45
D3			1	17	160.00	91.17
D4			2	18	169.46	94.38

5.3.2 结果分析

5.3.2.1 应力-应变曲线和变形特性

图 5-24 为不同加载速率常规三轴动态分级循环加载下 $T_{2y}6$ 大理岩的应力-应变曲线。可以看出,大理岩在加载初期已经发生了压缩变形。由于裂纹的产生,体积变形在峰后开始增加,体积变形从压缩变为膨胀的时间在试件上的应力达到峰值应力后的第一个加载和卸载循环内,而在不同的加载速率下这种转变的时间是不同的。当加载速率为 0.2MPa/s 或 0.5MPa/s 时,体积变形在峰后的第一个加载循环中达到零,而当加载速率较大时,大理岩在峰后的第一个卸载步骤中开始膨胀,表明加载速率可以降低循环载荷下岩石的体积膨胀速率。不同加载速率、中间主应力为 32MPa 的真三轴动态分级循环加载下岩石的应力-应变曲线如图 5-25 所示。对比常规三轴循环载荷作用下岩石的应力-应变曲线,真三轴分级循环载荷作用下岩石应力-应变曲线由密变疏再变密,ε_3 方向变形与 ε_2 方向上变形是不同的(ε_1、ε_2、ε_3 为第一、第二和第三主应变)。由于 ε_2 方向的载荷较大,加载初期岩石在该方向受

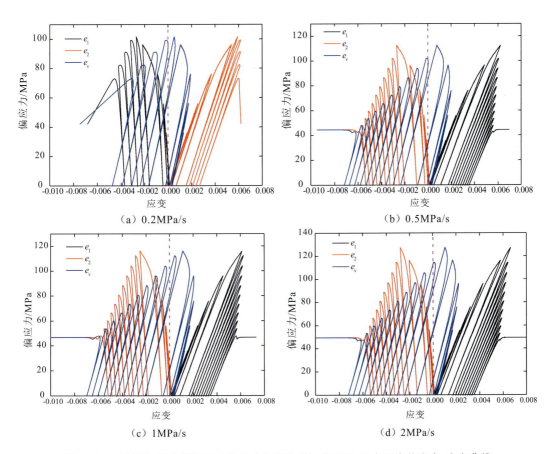

图 5-24 不同加载速率常规三轴动态分级循环加载下 $T_{2y}6$ 大理岩的应力-应变曲线

到压缩。随着 ε_2 方向上轴向载荷的增加,ε_2 方向上的变形逐渐表现为拉伸。总体来说,这 3 个方向的变形顺序为 $\varepsilon_3 > \varepsilon_1 > \varepsilon_2$,与 Feng et al. (2020)获得的结果相匹配。此外,常规和真三轴循环加载下的加载循环次数列于表 5-7 中,从表中可以看出加载速率和中间主应力增加都可以增加岩石的寿命。

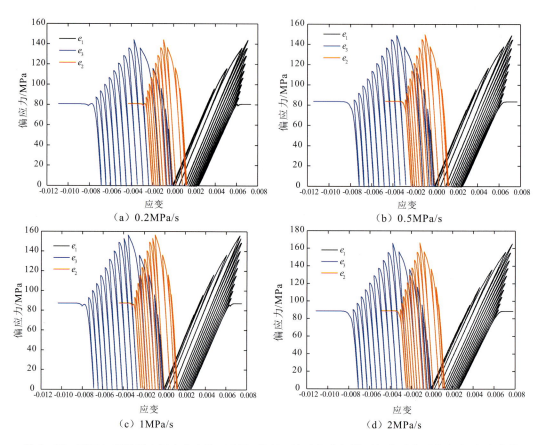

图 5-25 不同加载速率中间主应力为 32MPa 的真三轴动态分级循环加载下岩石的应力-应变曲线

常规和真实三轴分级动态循环加载下体积应变与轴向应变之间的关系如图 5-26 所示,大理岩在所有加载速率下的体积变形趋势表明,岩石先收缩后膨胀。在相同的动应力和中间主应力下,压缩体积应变的最大值随着加载速率的增加而增加,而体积膨胀随着加载速率的增加而减小。当岩石能承受相当于其剩余强度的载荷时,加载速率越大,体积应变越大。比较相同加载速率不同中间主应力下的体积应变,例如图 5-26(e)中的 0.2MPa/s,最大压缩体积应变随着中间主应力的增加而增加,体积膨胀随着中间主应力增加而减小。

图 5-27 显示了在常规和真三轴动态分级循环载荷下主方向上最大应变随循环次数的变化。ε_1 方向上的最大应变在达到峰值前随循环次数呈拟线性增加,在此后的峰后阶段保持不变,而其他方向上的最大应变在整个过程中随着循环次数的增加而增加。ε_2 方向上最大应变的变化与 ε_3 方向上的变化相似。随着加载速率的增加,在相同的加载循环次数和中间主

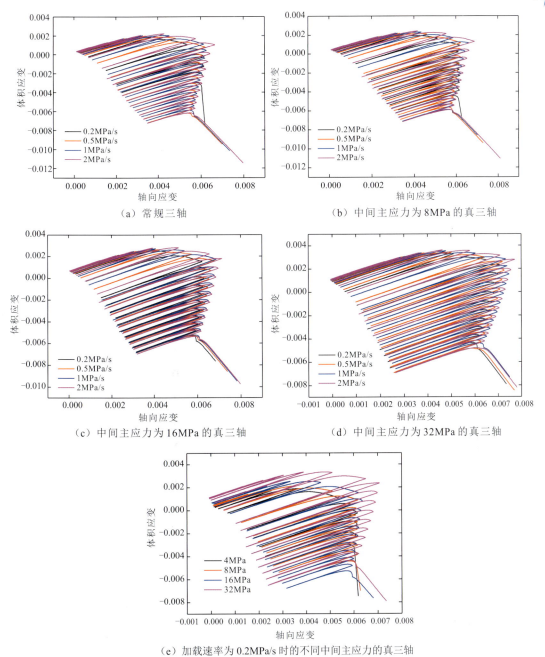

(a) 常规三轴

(b) 中间主应力为8MPa的真三轴

(c) 中间主应力为16MPa的真三轴

(d) 中间主应力为32MPa的真三轴

(e) 加载速率为0.2MPa/s时的不同中间主应力的真三轴

图 5-26 常规和真三轴分级动态循环加载下体积应变与轴向应变的关系

应力下,所有主方向上的最大应变减小。由于在不同加载速率下达到峰值强度所需的加载循环次数不同,加载速率越大,峰后阶段 ε_1 方向上的最大应变越大。还可以看出,不同加载速率下 ε_2 方向最大应变的差异小于其他方向情况,表明加载速率对应变的影响呈现各向异性。图 5-27(e)显示了在 0.2MPa/s 的加载速率不同的中间主应力下,每个主方向上的最大应变。中间主应力的增加不仅减小了该方向的变形,而且降低了其他两个主方向的应变率和应变增加,尤其是当中间主应力为32MPa时。从图中可以看出,中间主应力对主方向最大应变的影响顺序为 $\varepsilon_2 > \varepsilon_1 > \varepsilon_3$。

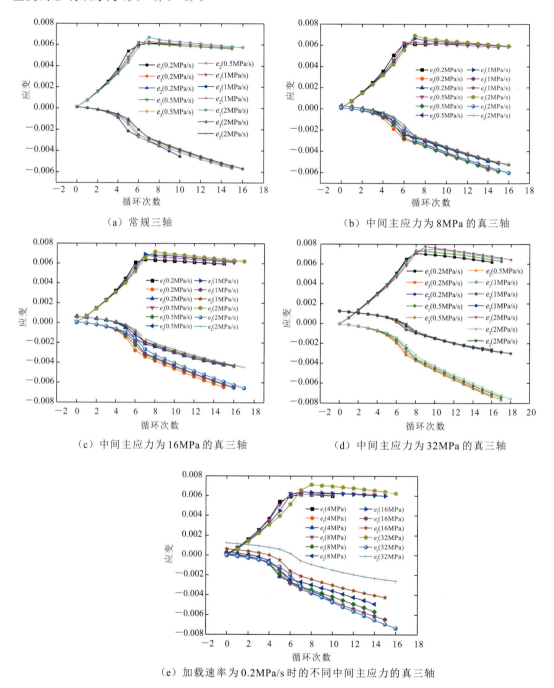

图 5-27 常规和真三轴动态分级循环加载下主方向上最大应变随循环次数的变化

图 5-28 显示了常规和真三轴动态分级循环加载下主方向上残余应变随循环次数的变化。在初始加载阶段,所有主方向上的残余应变都很小并且增加缓慢,而随着加载循环次数

的增加,它会以更大的速度增加。同样,随着加载速率的增加,在相同的加载循环次数和中间主应力下,所有主方向的残余应变都减小;然而,加载速率越大,所有主方向上的最终残余应变就越大。可以看出类似的结果:不同加载速率下 ε_2 方向的残余应变差异小于其他方向的残余应变,表明加载速率对应变的影响也呈现各向异性。同样,中间主应力对主方向残余应变的影响顺序也是 $\varepsilon_2 > \varepsilon_1 > \varepsilon_3$,如图 5-28(e)所示。

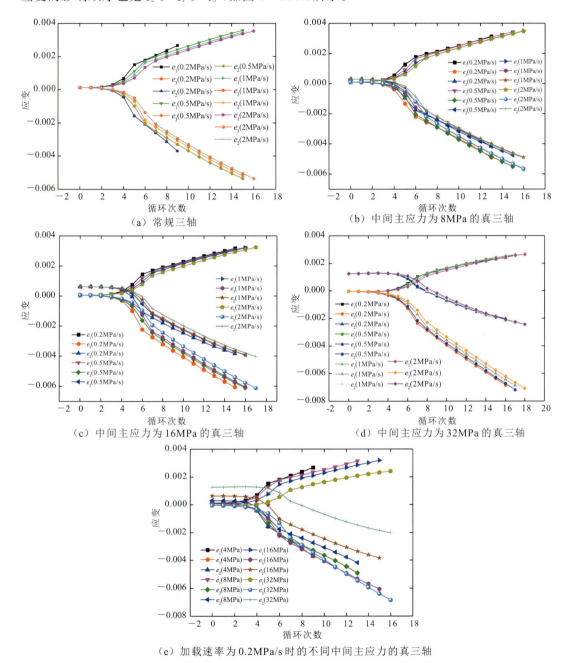

图 5-28 常规和真三轴动态分级循环加载下主方向上残余应变随循环次数的变化

5.3.2.2 变形模量

图 5-29 显示了在常规和真三轴动态分级循环加载下加载模量和卸载模量随循环次数的变化。可以看出,对于加载速率为 0.2MPa/s 常规三轴循环加载的大理岩,加载模量的变

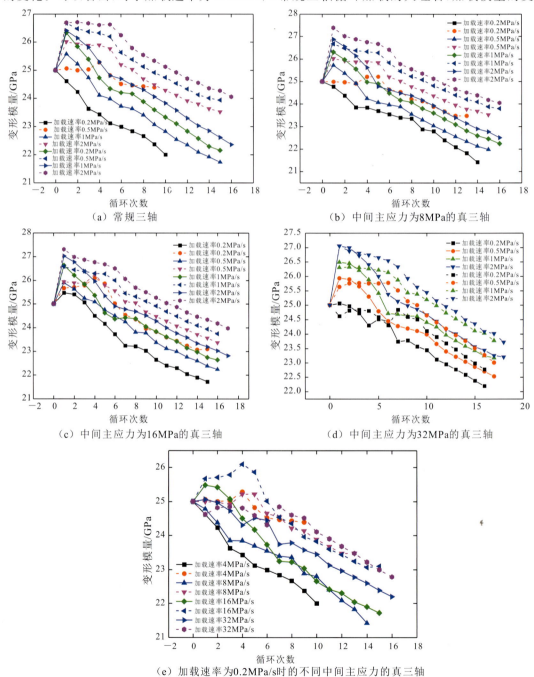

(a) 常规三轴

(b) 中间主应力为8MPa的真三轴

(c) 中间主应力为16MPa的真三轴

(d) 中间主应力为32MPa的真三轴

(e) 加载速率为0.2MPa/s时的不同中间主应力的真三轴

图 5-29 常规和真三轴动态分级循环加载下加载模量和卸载模量随循环次数的变化

化只有一个阶段,卸载模量的变化有两个阶段,而当加载速率超过 0.2MPa/s 时,加载模量和卸载模量的变化则多一个阶段,即变形模量在初始加载和卸载阶段有一个增加过程,结果验证了式(5-48)中杨氏模量的变化。一般情况下,卸载模量大于加载模量,加载速率越大,变形模量越大。在真三轴循环加载试验中可以发现类似的现象。为了研究常规和真实三轴循环加载之间变形模量的差异,在加载速率为 0.2MPa/s 时,不同中间主应力下的加载和卸载模量如图 5-29(e)所示。可以发现,在相同数量的循环下,加载模量随着中间主应力的增加而趋于增加(Feng et al.,2020),表明中间主应力可以限制 σ_1 方向对岩石的破坏。虽然在达到峰值应力之前,中间主应力为 16MPa 情况下加载模量超过了中间主应力为 32MPa 情况,但后者在峰后阶段大于前者;然而,卸载模量随中间主应力的变化与加载模量的变化不同。除了中间主应力为 16MPa 情况不一样,这里其他 3 个中间主应力卸载模量的变化相似,并且卸载模量在整个过程中变化很小。在峰值之前,中间主应力为 16MPa 情况下的卸载模量超过了其他 3 个中间主应力情况下的卸载模量,但之后中间主应力为 16MPa 情况下的卸载模量趋于其他情况。

常规和真三轴循环加载下最大变形模量与加载速率和中间主应力的关系如图 5-30 所示。可以看出,最大变形模量包括加载模量和卸载模量,随着加载速率的增加而增加,因此变形模量显示出了应变率效应。最大变形模量与加载速率的关系如图 5-30(c)所示。可以看出,对数函数可以描述最大变形模量和加载速率之间的关系。通过转换,该式与式(5-48)的第一部分相符合。然而,最大变形模量似乎与中间主应力没有关系,这与试验结果不符,可能因为该模型中杨氏模量[式(5-48)]没有考虑围压的影响。虽然围压有助于杨氏模量的提高,但由于很少有研究表明围压效应、应变率效应和损伤效应的耦合效应,所以本模型中没有考虑围压的影响(Liu and Zhao,2021)。

5.3.2.3 强度特性

常规和真三轴循环载荷下的动态峰值强度和残余强度也列于表 5-7 中,根据表 5-7 中的数据,动态强度与加载速率和中间主应力的关系如图 5-31 所示。可以看出,动态强度随着加载速率和中间主应力的增加而增加。二次函数可以描述这 3 个变量之间的关系。由于 5.2.3 节中已经描述了动态强度和应变率之间的关系,因此有必要研究中间主应力对动态强度的影响,如图 5-32 所示。总体来说,在不同的加载速率下,动态强度随着中间主应力的增加呈准线性增加,表明中间主应力可以提高岩石材料在动态循环载荷下的动态强度,这与真三轴载荷作用下岩石材料的静态强度现象类似(Li et al.,2015;Zhao et al.,2021)。根据动态本构模型次加载面的表达式可以看出,岩石的屈服强度会随着中间主应力的增加而增加。因此,随着中间主应力的增加,岩石在发生大量塑性变形后,往往会发生剪切破坏。进一步可以发现,动态峰值强度的增加率随着加载率的增加而减小,而动态残余强度的增加率随着加载率的增加而增加。它与黏聚力和内摩擦角的变化有关[式(5-53)和式(5-7)]。在峰前阶段,岩石的强度主要受应变速率的影响,而残余强度则取决于应变速率效应和损伤效应的耦合效应。

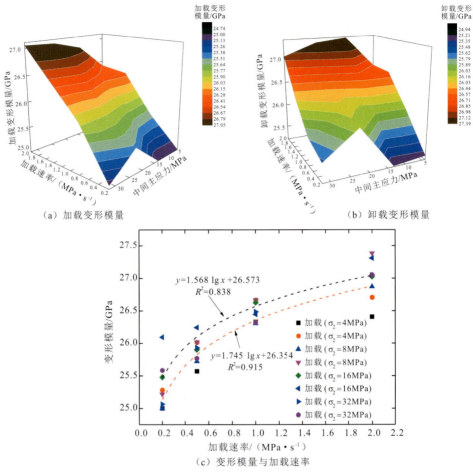

(a) 加载变形模量

(b) 卸载变形模量

(c) 变形模量与加载速率

图 5-30 常规和真三轴循环加载下最大变形模量与加载速率和中间主应力的关系

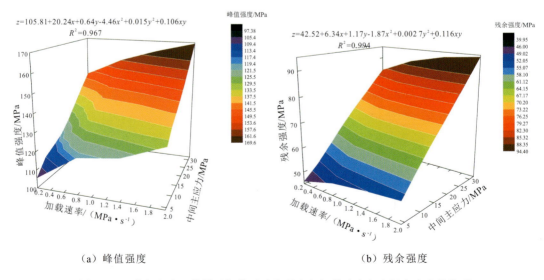

(a) 峰值强度

(b) 残余强度

图 5-31 常规和真三轴循环加载下动态强度与加载速率和中间主应力的关系

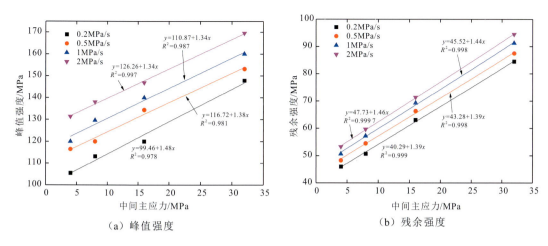

（a）峰值强度　　　　　　　　　　　　（b）残余强度

图 5-32　常规和真三轴循环加载下动态强度与中间主应力的关系

第6章 结束语

本书基于现有的岩土力学试验、有限元数值方法、岩土材料的本构模型等,通过资料收集、文献查阅、理论分析、数值分析与试验验证等,系统梳理了现阶段国内外岩石材料动态本构模型的发展情况,详细阐述了地震荷载的简化形式、动态循环荷载下岩石的力学特性、率效应和损伤效应的相互关系、地震作用下岩石材料的动态本构模型及数值应用,成果弥补了目前针对地震作用下岩石材料动态本构模型研究的不足,有效推动了岩石材料的动态本构模型的提升。

地震作用下岩石材料的动态本构模型所涉及的诸多研究细节仍然是国内外科学前沿和难点,书中所列技术与方法难免存在不足之处,研究团队会围绕岩石材料的动态本构模型问题开展持续研究,衷心希望读者批评指正。

最后,感谢国家自然科学基金项目(51809258)、武汉市知识创新专项项目(2022010801020164)、中国科学院青年创新促进会项目(2021325)、国家自然科学基金区域创新发展联合基金项目(U21A20159)、国家自然科学基金面上项目(52179117)的资助和支持。

主要参考文献

白冰,李小春,石露,等,2012.基于虚强度参数的塑性硬化模式[J].长江科学院院报,29(08):24-28.

曹文贵,林星涛,张超,等,2017.基于非线性动态强度准则的岩石动态变形过程统计损伤模拟方法[J].岩石力学与工程学报,36(4):20-28.

陈健云,李静,林皋,2003.基于速率相关混凝土损伤模型的高拱坝地震响应分析[J].土木工程学报,36(10):46-50.

陈乐求,陈俊桦,张家生,2017.岩石力学性质的应变率效应试验[J].地质与勘探,53(5):1025-1031.

陈青生,高广运,RUSSELL A. GREEN,等,2010.砂土震陷分析中多维地震荷载等效循环周数计算[J].世界地震工程,26(增刊):6-12.

陈青生,熊浩,高广运,2015.多维地震荷载等效循环周数计算模型[J].岩土力学,36(12):3345-3354.

陈运平,刘干斌,姚海林,2006.岩石滞后非线性弹性模拟的研究[J].岩土力学,27(3):341-347.

陈运平,王思敬,2010.多级循环荷载下饱和岩石的弹塑性响应[J].岩土力学,31(4):1030-1034.

戴俊,2014.岩石动力学特性与爆破理论[M].2版.北京:冶金工业出版社.

邓勇,陈勉,金衍,等,2016.冲击作用下岩石破碎的动力学特性及能耗特征研究[J].石油钻探技术,44(3):27-32.

杜金声,1979.岩石在不同围压、温度、应变速率下的力学效应[J].力学情报,(2):31-39.

冯遗兴,邱一平,李彰明,1986.应变率对岩石强度和变形性质的影响[J].岩土工程学报,8(6):50-56.

付荣,2012.青川县东河口斜坡体对汶川地震作用响应研究[D].成都:成都理工大学.

高富强,张军,何朋立,2018.不同围压荷载和含水状态下砂岩SHPB试验研究[J].矿业研究与开发,38(6):69-72.

葛修润,卢应发,1992.循环荷载作用下岩石疲劳破坏和不可逆变形问题的探讨[J].岩土工程学报,14(3):56-60.

宫凤强,陆道辉,李夕兵,等,2013.不同应变率下砂岩动态强度准则的试验研究[J].岩土力学,34(9):2433-2441.

宫凤强,司雪峰,李夕兵,等,2016.基于应变率效应的岩石动态 Mohr-Coulomb 准则和 Hoek-Brown 准则研究[J].中国有色金属学报,26(8):1763-1773.

宫凤强,王进,李夕兵,2018.岩石压缩特性的率效应与动态增强因子统一模型[J].岩石力学与工程学报,37(7):1586-1595.

韩东波,赵光明,孟祥瑞,等,2014.高应变率下砂岩的动态力学性能研究[J].爆破,31(2):8-13.

何广讷,1994.土工的若干新理论研究与应用[M].北京:水利电力出版社.

洪亮,李夕兵,马春德,等,2008.岩石动态强度及其应变率灵敏性的尺寸效应研究[J].岩石力学与工程学报,27(3):526-533.

胡时胜,王道荣,2002.冲击荷载下混凝土材料的动态本构关系[J].爆炸与冲击,22(03):242-246.

胡聿贤,2006.地震工程学[M].2 版.北京:地震出版社.

黄达,黄润秋,张永兴,2012.粗晶大理岩单轴压缩力学特性的静态加载速率效应及能量机制试验研究[J].岩石力学与工程学报,31(2):245-255.

黄胜,2010.高烈度地震下隧道破坏机制及抗震研究[D].武汉:中国科学院武汉岩土力学研究所.

姜德义,陈结,任松,等,2012.盐岩单轴应变率效应与声发射特征试验研究[J].岩石力学与工程学报,31(2):326-336.

蒋宇,葛修润,任建喜,2004.岩石疲劳破坏过程中的变形规律及声发射特性[J].岩石力学与工程学报,23(11):1810-1814.

金解放,李夕兵,邱灿,等,2014.岩石循环冲击损伤演化模型及静载荷对损伤累积的影响[J].岩石力学与工程学报,33(8):1662-1671.

孔亮,郑颖人,姚仰平,2003.基于广义塑性力学的土体次加载面循环塑性模型(I):理论与模型[J].岩土力学,24(2):141-145.

李二兵,谭跃虎,马聪,等,2015.三向压力作用下盐岩 SHPB 试验及动力强度研究[J].岩石力学与工程学报,34(增2):3742-3749.

李刚,陈正汉,谢云,等,2007.高应变率条件下三峡工程花岗岩动力特性的试验研究[J].岩土力学,28(9):1833-1840.

李海波,王建伟,李俊如,等,2004.单轴压缩下软岩的动态力学特性试验研究[J].岩土力学,25(1):1-4.

李海波,赵坚,李俊如,等,2003.基于裂纹扩展能量平衡的花岗岩动态本构模型研究[J].岩石力学与工程学报,22(10):1683-1688.

李鸿儒,王志亮,郝士云,2018.主动围压下花岗岩动态力学特性与本构模型研究[J].水文地质工程地质,45(3):55-61.

李少华,朱万成,牛雷雷,等,2017.加载速率对砂岩破碎及能耗特征的影响[J].东北大学学报(自然科学版),38(10):1459-1463.

李树春,许江,陶云奇,等,2009.岩石低周疲劳损伤模型与损伤变量表达方法[J].岩土力学,30(6):1611-1619.

李天斌,2009.汶川特大地震中山岭隧道变形破坏特征及影响因素分析[J].工程地质学报,16(6):742-750.

李廷春,殷允腾,2011.汶川地震中隧道结构的震害分析[J].工程爆破,17(1):24-27.

李夕兵,左宇军,马春德,2006.中应变率下动静组合加载岩石的本构模型[J].岩石力学与工程学报,(05):865-874.

李晓锋,李海波,刘凯,等,2017.冲击荷载作用下岩石动态力学特性及破裂特征研究[J].岩石力学与工程学报,36(10):2393-2405.

李永盛,1995.加载速率对红砂岩力学效应的试验研究[J].同济大学学报:自然科学版,23(3):265-269.

李兆霞,1995.一个综合模糊裂纹和损伤的混凝土应变软化本构模型[J].固体力学学报,16(01):22-30.

梁昌玉,李晓,李守定,等,2012.岩石静态和准动态加载应变率的界限值研究[J].岩石力学与工程学报,31(6):1156-1161.

梁昌玉,李晓,张辉,等,2013.中低应变率范围内花岗岩单轴压缩特性的尺寸效应研究[J].岩石力学与工程学报,32(3):528-536.

梁卫国,徐素国,莫江,等,2010.盐岩力学特性应变率效应的试验研究[J].岩石力学与工程学报,29(1):43-50.

林大能,陈寿如,2005.循环冲击荷载作用下岩石损伤规律的试验研究[J].岩石力学与工程学报,24(22):4094-4098.

林皋,陈健云,肖诗云,2003.混凝土的动力特性与拱坝的非线性地震响应[J].水利学报,34(6):30-36.

林卓英,吴玉山,1987.岩石在循环荷载作用下强度及变形特征[J].岩土力学,8(03):31-37.

刘恩龙,黄润秋,何思明,2011.循环加载时围压对岩石动力特性的影响[J].岩土力学,32(10):3009-3013.

刘恩龙,张建海,何思明,等,2013.循环荷载作用下岩石的二元介质模型[J].重庆理工大学学报(自然科学),27(9):6-11,16.

刘汉龙,费康,高玉峰,2003.边坡地震稳定性时程分析方法[J].岩土力学,24(04):553-560.

刘建锋,谢和平,徐进,等,2008.循环荷载作用下岩石阻尼特性的试验研究[J].岩石力学与工程学报,27(4):712-717.

刘建锋,谢和平,徐进,等,2012.循环荷载下岩石变形参数和阻尼参数探讨[J].岩石力学与工程学报,31(04):770-777.

刘建锋,徐进,李青松,等,2010.循环荷载下岩石阻尼参数测试的试验研究[J].岩石力学与工程学报,29(05):1036-1041.

刘军忠,许金余,吕晓聪,等,2012.围压下岩石的冲击力学行为及动态统计损伤本构模型研究[J].工程力学,29(1):55-63.

刘俊新,张可,刘伟,等,2017.不同围压及应变速率下页岩变形及破损特性试验研究[J].岩土力学,38(增1):49-58.

刘奇,朱珍德,石崇,等,2017.不同应变率下流纹岩动态轴拉试验研究[J].河南科学,35(3):419-424.

刘石,许金余,刘军忠,等,2011.绢云母石英片岩和砂岩的SHPB试验研究[J].岩石力学与工程学报,30(9):1864-1871.

刘世奇,李海波,李俊如,2007.轴向拉伸情况下岩石的动态力学特性试验研究[J].岩土工程学报,29(12):1904-1907.

卢玉斌,李云桂,于水生,2014.基于数值模拟研究岩石材料冲击载荷下的动态抗压强度增强[J].矿物学报(1):131-136.

卢志堂,王志亮,2016.中高应变率下花岗岩动力特性三轴试验研究[J].岩土工程学报,38(06):1087-1094.

吕晓聪,许金余,葛洪海,等,2009.围压对砂岩动态冲击力学性能的影响[J].岩石力学与工程学报,29(1):193-201.

马林建,刘新宇,许宏发,等,2013.循环荷载作用下盐岩三轴变形和强度特性试验研究[J].岩石力学与工程学报,32(4):849-856.

马晓丽,2012.循环加载条件下混凝土的次加载面模型的研究[D].北京:北京交通大学.

孟庆彬,韩立军,浦海,等,2016.尺寸效应和应变速率对岩石力学特性影响的试验研究[J].中国矿业大学学报,45(2):233-243.

莫海鸿,1988.岩石的循环试验及本构关系的研究[J].岩石力学与工程学报,7(3):215-224.

倪骁慧,李晓娟,朱珍德,等,2012.不同频率循环荷载作用下花岗岩细观疲劳损伤量化试验研究[J].岩土力学,33(2):164-169.

平琦,骆轩,马芹永,等,2015.冲击载荷作用下砂岩试件破碎能耗特征[J].岩石力学与工程学报,34(增2):4197-4203.

戚承志,钱七虎,2003.岩石等脆性材料动力强度依赖应变率的物理机制[J].岩石力学与工程学报,22(2):177-181.

钱七虎,戚承志,2008.岩石、岩体的动力强度与动力破坏准则[J].同济大学学报(自然科学版),36(12):1599-1605.

单仁亮,薛友松,张倩,2003.岩石动态破坏的时效损伤本构模型[J].岩石力学与工程学报,(11):1771-1776.

沈珠江,黄锦德,王钟宁,1984.陡河土坝的地震液化及变形分析[J].水利水运科学研究.

宋玉普,2012.混凝土的动力本构关系和破坏准则.上册[M].北京:科学出版社.

苏承东,李怀珍,张盛,等,2013.应变速率对大理岩力学特性影响的试验研究[J].岩石力学与工程学报,32(5):943-950.

孙建运,李国强,2006.动力荷载作用下固体材料本构模型研究的进展[J].四川建筑科学研究,32(05):144-149.

唐志平,田兰桥,朱兆祥,等,1981.高应变率下环氧树脂的力学性能[C]//第二届全国爆炸力学会议论文集(第三册).合肥:中国科学技术大学出版社.4-12.

汪斌,朱杰兵,邬爱清,等,2010.高应力下岩石非线性强度特性的试验验证[J].岩石力学与工程学报,29(3):542-548.

王斌,李夕兵,尹土兵,等,2010.饱水砂岩动态强度的 SHPB 试验研究[J].岩石力学与工程学报,29(5):1003-1009.

王道荣,2002.高速侵彻现象的工程分析和数值模拟研究[D].合肥:中国科学技术大学.

王冠,井广成,王常彬,等,2018.不同应变率下岩石破裂与声发射响应特征研究[J].煤炭科技,155(3):37-41.

王礼立,1999.高应变率下的动态损伤和破坏研究[C].绵阳:中国工程物理研究所流体物理研究所.

王秀英,刘维宁,张弥,2003.地下结构震害类型及机理研究[J].中国安全科学学报,13(11):55-58.

王者超,赵建纲,李术才,等,2012.循环荷载作用下花岗岩疲劳力学性质及其本构模型[J].岩石力学与工程学报,31(9):1888-1900.

王志亮,卢志堂,2014.华山花岗岩动力性质的三轴试验研究[J].同济大学学报:自然科学版,42(4):527-531.

吴绵拔,刘远惠,1980.中等应变速率对岩石力学特性的影响[J].岩土力学,1(1):51-58.

吴绵拔,刘远惠,1996.龙门石灰岩动力特性试验研究[J].岩石力学与工程学报,15(增1):422-427.

吴帅峰,张青成,李胜林,等,2016.花岗岩冲击力学特性及损伤演化模型[J].煤炭学报,41(11):2756-2763.

席道瑛,陈运平,陶月赞,等,2006.岩石的非线性弹性滞后特征[J].岩石力学与工程学报,25(06):1086-1093.

席道瑛,薛彦伟,宛新林,2004.循环载荷下饱和砂岩的疲劳损伤[J].物探化探计算技术,26(3):193-198.

肖建清,冯夏庭,丁德馨,等,2010.常幅循环荷载作用下岩石的滞后及阻尼效应研究[J].岩石力学与工程学报,29(08):1677-1683.

谢理想,赵光明,孟祥瑞,2013.软岩及混凝土材料损伤型黏弹性动态本构模型研究[J].岩石力学与工程学报,(04):857-864.

谢晓锋,陶明,吴秋红,等,2017.不同形状砂岩的动态力学特性[J].中南大学学报:自然科学版,(9):2441-2448.

徐舜华,郑刚,刘富勤,2010. 砂土的次加载面动本构模型[J]. 武汉理工大学学报,32(1):152-157.

许宏发,王武,方秦,等,2012. 循环荷载下岩石塑性应变演化模型[J]. 解放军理工大学学报自然科学版,13(3):282-286.

薛彦伟,席道瑛,徐松林,2005. 岩石非经典非线性频率效应的细观研究[J]. 岩石力学与工程学报,24(s1):5020-5025.

闫东明,林皋,王哲,2005. 变幅循环荷载作用下混凝土的单轴拉伸特性[J]. 水利学报,36(5):593-597.

晏志勇,王勇,周建平,2009. 汶川地震灾区大中型水电工程震损调查与分析[M]. 北京:中国水利水电出版社.

杨永杰,宋扬,楚俊,2007. 循环荷载作用下煤岩强度及变形特征试验研究[J]. 岩石力学与工程学报,26(01):201-205.

易良坤,席道瑛,刘小燕,2003. 孔隙介质热驰豫激活波动理论[J]. 岩石力学与工程学报,22(5):803-806.

袁晓铭,孙锐,孟上九,2004. 土体地震大变形分析中 Seed 有效循环次数方法的局限性[J]. 岩土工程学报,26(02):207-211.

张号,平琦,苏海鹏,2018. 不同长径比石灰岩动态压缩 SHPB 试验研究[J]. 煤炭科学技术,46(8):44-49.

张军,高富强,杨金金,2016. 含水砂岩在不同应变率下的三轴抗压强度分析[J]. 河南城建学院学报,25(2):37-40.

张平阳,夏才初,周舒威,等,2015. 循环加-卸载岩石本构模型研究[J]. 岩土力学(12):3354-3359.

张平阳,夏才初,周舒威,等,2015. 循环加-卸载岩石本构模型研究[J]. 岩土力学(12):3354-3359.

张岩,李庆文,李森,等,2015. 不同应变率下砂岩的动态力学特性研究[J]. 中国矿业,24(增2):162-166.

张颖,李明,王可慧,等,2010. 岩石动态力学性能试验研究[J]. 岩石力学与工程学报,29(增2):4153-4158.

张玉敏,2010. 大型地下洞室群地震响应特征研究[D]. 武汉:中国科学院武汉岩土力学研究所.

张媛,许江,杨红伟,等,2011. 循环荷载作用下围压对砂岩滞回环演化规律的影响[J]. 岩石力学与工程学报,30(2):320-326.

赵坚,李海波,2003. 莫尔-库仑和霍克-布朗强度准则用于评估脆性岩石动态强度的适用性[J]. 岩石力学与工程学报,22(02):171-176.

赵凯,乔春生,罗富荣,等,2014. 不同频率循环荷载下石灰岩疲劳特性试验研究[J]. 岩石力学与工程学报,33(S2):3466-3475.

郑颖人,沈珠江,龚晓南,2007.广义塑性力学—岩土塑性力学原理[M].北京:中国建筑工业出版社.

钟靖涛,王志亮,李鸿儒,2018.黑云母花岗岩动力学特性与强度准则分析[J].合肥工业大学学报:自然科学版,41(10):96-101.

周小平,钱七虎,杨海清,2008.深部岩体强度准则[J].岩石力学与工程学报,27(01):117-123.

朱伯芳,2003.1999年台湾921集集大地震中的水利水电工程[J].水力发电学报(1):21-33.

朱晶晶,李夕兵,宫凤强,等,2012.冲击载荷作用下砂岩的动力学特性及损伤规律[J].中南大学学报:自然科学版,43(7):2701-2707.

朱明礼,朱珍德,李刚,等,2009.循环荷载作用下花岗岩动力特性试验研究[J].岩石力学与工程学报,28(12):2520-2526.

朱珍德,孙林柱,王明洋,2010.不同频率循环荷载作用下岩石阻尼比试验与变形破坏机制细观分析[J].岩土力学,31(增1):8-12.

祝文化,李元章,2006.损伤灰岩动态压缩力学特性的实验研究[J].武汉理工大学学报(07):90-92.

ATTEWELL P B, FARMER I W, 1973. Fatigue behavior of rock[J]. International Journal of Rock Mechanics & Mining Science & Geomechanics Abstracts, 10(1):1-9.

BAGDE M N, PETROS V, 2005. Waveform effect on fatigue properties of intact sandstone in uniaxial cyclical loading[J]. Rock Mechanics and Rock Engineering, 38(3):169-196.

BAGDE M N, PETROŠ V, 2009. Fatigue and dynamic energy behavior of rock subjected to cyclical loading[J]. Int J Rock Mech Min Sci;46(1):200-209.

BAGDE M N, PETROŠ V, 2005. Fatigue properties of intact sandstone samples subjected to dynamic uniaxial cyclical loading[J]. Int J Rock Mech Min Sci, 42(2):237-250.

BAHN B Y, HSU T T C, 1998. Stress-strain behavior of concrete under cyclic loading[J]. Aci Materials Journal, 95(2):178-193.

BINDIGANAVILE V S, 2003. Dynamic fracture toughness of fiber reinforced concrete[D]. Vancouver: Doctoral Dissertation of University of British Columbia.

BROWN E T, HUDSON J A, 1974. Fatigue failure characteristic of some models of jointed rocks[J]. International Journal of Rock Mechanics & Mining Sciences & Geomechanics Abstract, 11(10):379-386.

BROWNING J, MEREDITH P G, STUART C E, et al., 2017. Acoustic characterization of crack damage evolution in sandstone deformed under conventional and true triaxial loading: crack damage evolution in sandstone[J]. Journal of Geophysical Research: Solid Earth, 122(6):4395-4412.

BROWNING J, MEREDITH P G, STUART C E, et al, 2018. A directional crack damage memory effect in sandstone under true triaxial loading[J]. Geophysical Research Letters (45):6878-6886.

BURDINE N, 1963. Rock failure under dynamic loading conditions[J]. Society of Petroleum Engineers Journal, 3(1):1-8.

CAI M, KAISER P K, SUORINENI F, et al, 2007. A study on the dynamic behavior of the Meuse/Haute-Marne argillite[J]. Physics & Chemistry of the Earth, 32(8):907-916.

CAO A Y, JING G C, DING Y L, et al, 2019. Mining-induced static and dynamic loading rate effect on rock damage and acoustic emission characteristic under uniaxial compression[J]. Safety Science, 116(7):86-96.

CARDANI G, MEDA A, 2004. Marble behaviour under monotonic and cyclic loading in tension. Construction and Building Materials, 18(6):419-424.

CERFONTAINE B, CHARLIER R, COLLIN F, et al, 2017. Validation of a new elastoplastic constitutive model dedicated to the cyclic behaviour of brittle rock materials [J]. Rock Mech Rock Eng. 50(10):1-18.

CHANG K, YANG T, 1982. A constitutive model for the mechanical properties of rock[J]. International Journal of Rock Mechanics & Mining Science & Geomechanics Abstracts, 19(3):123-133.

CHEN L Q, CHEN J H, ZHANG J S, 2017. Test of effects of strain rate on mechanical properties of rock[J]. Geology and Exploration 53(5): 1025-1031.

CHEN Y, LIU G, YAO H, 2006. Study on simulation for hysteretic nonlinear elasticity of rock[J]. Rock & Soil Mechanics, 27(3): 341-347.

CUI L, ZHENG J J, ZHANG R J, et al, 2015. Elasto-plastic analysis of a circular opening in rock mass with confining stress-dependent strain-softening behaviour[J]. Tunn Undergr Sp Tech, 50(8):94-108.

DENG H, HU Y, LI J, et al, 2017. Effects of frequency and amplitude of cyclic loading on the dynamic characteristics of sandstone[J]. Rock and Soil Mechanics, 38(12): 3402-3409.

DUAN H, YANG Y, 2018. Deformation and dissipated energy of sandstone under uniaxial cyclic loading[J]. Geotech Geol Eng (36): 611-619.

DUVAUT G, LIONS I J, 1972. Les In Equations En Mechanique et en Physique[D]. Paris: Dunod.

ERARSLAN N, WILLIAMS D, 2012. Investigating the effect of cyclic loading on the indirect tensile strength of rocks[J]. Rock Mechanics & Rock Engineering, 45(3): 327-340.

FARDIS M N, CHEN E, 1986. A cyclic multiaxial model for concrete[J]. Computational Mechanics, 1(4): 301–315.

FENG W L, QIAO C S, NIU S J, et al, 2019. Macro-mechanical properties of saturated sandstone of Jushan Mine under post-peak cyclic loading: an experimental study[J]. Arab J Geosci, 12(23):702.

FENG XT, GAO Y, ZHANG X, et al, 2020. Evolution of the mechanical and strength parameters of hard rocks in the true triaxial cyclic loading and unloading tests[J]. International Journal of Rock Mechanics and Mining Sciences (131):104349.

FREW D J, FORRESTAL M J, CHEN W, 2001. A split Hopkinson pressure bar technique to determine compressive stress-strain data for rock materials[J]. Experimental Mechanics, 41(1):40–46.

FU B, 2017. Study on mechanical properties of marble under cyclic loading[D]. Kunming: Kunming University of Science and Technology.

FU Y, IWATA M, DING W, et al, 2012. An elastoplastic model for soft sedimentary rock considering inherent anisotropy and confining-stress dependency[J]. Soil and Foundations, 52(4): 575–589.

FUENKAJORN K, PHUEAKPHUM D, 2010. Effects of cyclic loading on mechanical properties of Maha Sarakham salt[J]. Engineering Geology, 112(1–4):43–52.

GAO Y, FENG X T, 2019. Study on damage evolution of intact and jointed marble subjected to cyclic true triaxial loading[J]. Engineering Fracture Mechanics (215): 224–234.

GATELIER N, PELLET F, LORET B, 2002. Mechanical damage of anisotropic porous rock in cyclic triaxial tests[J]. International Journal of Rock Mechanics & Mining Science(39): 335–354.

GHAMGOSAR M, ERARSLAN N, WILLIAMS D J, 2016. Experimental investigation of fracture process zone in rocks damaged under cyclic loadings[J]. Experimental Mechanics, 57(1):1–17.

GONG F Q, SI X F, LI X B, WANG S Y, 2019. Dynamic triaxial compression tests on sandstone at high strain rates and low confining pressures with split Hopkinson pressure bar[J]. Int J Rock Mech Min Sci (113):211–219.

GONG F Q, WANG J, LI X B, 2018. The rate effect of compression characteristics and a unified model of dynamic increasing factor for rock materials[J]. Chin J Rock Mech Eng, 37(7):1586–1595.

GRADY D E, KIPP M E, 1980. Continuum modeling of explosive fracture in oil shale[J]. Int J Rock Mech Min Sci, 17(2): 147–157.

GREEN R A, TERRI G A, 2005. Number of Equivalent Cycles Concept for

Liquefaction Evaluations Revisited[J]. Journal of Geotechnical and Geoenvironmental Engineering, 131(4): 477-488.

GUO S, QI S, ZHAN Z, ZHENG B, 2017. Plastic - strain - dependent strength model to simulate the cracking process of brittle rocks with an existing non - persistent joint[J]. Engineering Geology (231):114-125.

HAIMSON B C, KIM C M, 1971. Mechanical behaviour of rock under cyclic fatigue [J]. Rock Mech Rock Eng (3):845-863.

HAJIABDOLMAJIAD V, KAISER P K, MARTIN C D, 2002. Modeling brittle failure of rock[J]. International Journal of Rock Mechanics & Mining Sciences, 39(6): 731-741.

HAMISON B C, KIM C M, 1972. Mechanical behavior of rock under cyclic fatigue [C]// Illinois: Proc XIII Symp Rock Mech.

HAN J X, LI S C, LI S C, et al, 2013. A procedure of strain - softening model for elasto - plastic analysis of a circular opening considering elasto - plastic coupling[J]. Tunn Undergr Sp Tech 37(6):128-134.

HAO Y, HAO H, 2013. Numerical investigation of the dynamic compressive behaviour of rock materials at high strain rate[J]. Rock Mech Rock Eng 46(2): 373-388.

HASHIGUCHI K, OKAYASU T, SAITOH K, 2005. Rate - dependent inelastic constitutive equation: the extension of elastoplasticity[J]. International Journal of Plasticity, 21(3): 463-491.

HASHIGUCHI K, 2005. Generalized plastic flow rule[J]. International Journal of Plasticity, 21: 321-351.

HASHIGUCHI K, 2009. Elastoplasticity theory[M]. Berlin: Springer-Verlag Berlin Heidelberg.

HEAP M J, FAULKNER D R, MEREDITH P G, et al, 2010. Elastic moduli evolution and accompanying stress changes with increasing crack damage: implications for stress changes around fault zones and volcanoes during deformation[J]. Geophysical Journal International, 183(1):225-236.

HEAP M J, VINCIGUERRA S, MEREDITH P G, 2009. The evolution of elastic moduli with increasing crack damage during cyclic stressing of a basalt from Mt. Etna volcano[J]. Tectonophysics, 471(1-2):153-160.

HU G, ZHAO C, CHEN N, et al, 2019. Characteristics, mechanisms and prevention modes of debris flows in an arid seismically active region along the Sichuan-Tibet railway route, China: a case study of the Basu-Ranwu section, southeastern Tibet[J]. Environ Earth Science (78): 564.

HU L, LI Y, LIANG X, et al, 2020. Rock damage and energy balance of strainbursts induced by low frequency seismic disturbance at high static stress[J]. Rock Mechanics and Rock Engineering. https://doi.org/10.1007/s00603-020-02197-x.

HUECKEL T,1991. Damping, cyclic strain buildup and fatigue of rocks a generalized Ramberg-Osgood approach[J]. Computers & Geotechnics, 12(3):235-269.

JIA C, XU W, WANG R,et al,2018. Characterization of the deformation behavior of fine-grained sandstone by triaxial cyclic loading[J]. Construction and Building Materials (162):113-123.

JIANG X, YIN G, HONG W, et al,2006. Experimental research on the evolution of hysteresis curve of rock in different axial stress levels[J]. Journal of Chongqing Jianzhu University,28(2):40-42.

JIN F N, JIANG M R, GAO X L ,2004. Defining damage variable based on energy dissipation[J]. Chinese Journal of Rock Mechanics and Engineering, 23(12):1976-1980.

KENDRICK J, SMITH R, SAMMONDS P,et al,2013. The influence of thermal and cyclic stressing on the strength of rocks from Mount St. Helens, Washington[J]. Bull etin of Volcanology, 75(7):728.

KHOSROSHAHI A A, SADRNEJAD S A ,2008. Substructure model for concrete behavior simulation under cyclic multiaxial loading [J]. International Journal of Engineering, Transactions A: Basics, 21(4): 329-346.

KOBAYASHI R,1970. On mechanical behaviors of rocks under various loading-rates [J]. Rock Mechanics (1):56-58.

KUMAR A,1968. The effect of stress rate and temperature on the strength of basalt and granite[J]. Geophysics,33(3):501-510.

LAJTAI E Z, Duncan E J S, Carter B J, 1991. The effect of strain rate on rock strength[J]. Rock Mechanics & Rock Engineering, 24(2):99-109.

LEE K H, LEE I M, SHIN Y J, 2012. Brittle rock property and damage index assessment for predicting brittle failure in excavations [J]. Rock Mechanics & Rock Engineering, 45(2):251-257.

LEI X Z, LIU J F, ZHENG L, et al, 2018. Experimental investigations of rock dynamical characteristics under cyclic loading [M]. Proceedings of GeoShanghai 2018 International Conference: Rock Mech Rock Eng. Berlin: Springer.

LEMAITRE J, CHABOCHE J L, 1990. Mechanics of solid materials [M]. Cambridge: Cambridge University Press.

LI H B, ZHAO J, LI T J ,2000. Micromechanical modelling of the mechanical properties of a granite under dynamic uniaxial compressive loads[J]. International Journal of Rock Mechanics and Mining Sciences,37(6): 923-935.

LI H B, ZHAO J, LI T J, 1999. Triaxial compression tests on a granite at different strain rate sand confining pressures[J]. International Journal of Rock Mechanics and Mining Sciences,36(8):1057 – 1063.

LI J L,HONG L,ZHOU K P,et al,2020. Influence of loading rate on the energy evolution characteristics of rocks under cyclic loading and unloading[J]. Energies,13(15):4003.

LI N,CHEN W,ZHANG P,et al,2001. The mechanical properties and a fatigue – damage model for jointed rock masses subjected to dynamic cyclical loading [J]. International Journal of Rock Mechanics and Mining Sciences,38(7):1071 – 1079.

LI N,PING Z,CHEN Y,et al,2003. Fatigue properties of cracked,saturated and frozen sandstone samples under cyclic loading[J]. International Journal of Rock Mechanics & Mining Sciences,40(1):145 – 150.

LI X,DU K,LI D ,2015. True triaxial strength and failure modes of cubic rock specimens with unloading the minor principal stress[J]. Rock Mechanics & Rock Engineering,48:2185 – 2196.

LI X,LIU C,PENG S S,et al,2017. Fatigue deformation characteristics and damage model of sandstone subjected to monotonic step cyclic loading[J]. Journal of China University of Mining & Technology,46(1):8 – 17.

LI Y,HUANG D,LI X A ,2014. Strain rate dependency of coarse crystal marble under uniaxial compression:strength,deformation and strain energy[J]. Rock Mechanics & Rock Engineering,47(4):1153 – 1164.

LIANG C Y,ZHANG Q B,LI X,et al,2015. The effect of specimen shape and strain rate on uniaxial compressive behavior of rock material[J]. Bull etin of Engineering Geology & the Environment,75(4):1 – 13.

LIANG W,ZHANG C,GAO H,et al,2012. Experiments on mechanical properties of salt rocks under cyclic loading[J]. Journal of Rock Mechanics and Geotechnical Engineering,4(1):54 – 61.

LINDHOLM U S,YEAKLEY L M,NAGY A,1974 . The dynamic strength and fracture properties of dresser basalt[J]. International Journal of Rock Mechanics and Mining Sciences and Geomechanics Abstracts,11(2):181 – 191.

LIU A H,STEWART J P,ABRAHAMSON N A,2001. Equivalent number of uniform stress cycles for soil liquefaction analysis[J]. Journal of Geotechnical and Geoenvironmental Engineering,127(12):1017 – 1026.

LIU D Z,1980. Ore-bearing rock blasting physical process[M]. Beijing:Metallurgical Industry Press.

LIU E,HE S ,2012. Effects of cyclic dynamic loading on the mechanical properties of intact rock samples under confining pressure conditions[J]. Engineering Geology,125

(27): 81-91.

LIU E, HUANG R, HE S, 2012. Effects of frequency on the dynamic properties of intact rock samples subjected to cyclic loading under confining pressure conditions[J]. Rock Mechanics & Rock Engineering, 45(1): 89-102.

LIU E, ZHANG J, HE S, et al, 2013a. Binary medium model of rock subjected to cyclic loading[J]. Journal of Chongqing University of Technology, 27(9): 6-12.

LIU E, ZHANG J, 2013b. Binary medium model for rock sample. Constitutive modeling of geomaterials[J]. Berlin: Springer Berlin Heidelberg: 341-347.

LIU J, XIE H, HOU Z, et al, 2014. Damage evolution of rock salt under cyclic loading in unixial tests[J]. Acta Geotechnica, 9(1): 153-160.

LIU K, ZHAO J, 2021. Progressive damage behaviours of triaxially confined rocks under multiple dynamic loads[J]. Rock Mechanics & Rock Engineering (54): 3327-3358.

LIU S, XU J Y, LIU J Z, et al, 2011. SHPB experimental study of sericite-quartz schist and sandstone[J]. Chinese Journal of Rock Mechanics and Engineering, 30(9): 1864-1871.

LIU X S, NING J G, TAN Y L, et al, 2016. Damage constitutive model based on energy dissipation for intact rock subjected to cyclic loading[J]. International Journal of Rock Mechanics and Mining Sciences and Geomechanics Abstracts (85): 27-32.

LIU Y, DAI F, DONG L, et al, 2018b. Experimental investigation on the fatigue mechanical properties of intermittently jointed rock models under cyclic uniaxial compression with different loading parameters[J]. Rock Mechanics & Rock Engineering, 51(1): 47-68.

LIU Y, DAI F, ZHAO T, et al, 2017. Numerical investigation of the dynamic properties of intermittent jointed rock models subjected to cyclic uniaxial compression[J]. Rock Mechanics & Rock Engineering, 50(01): 89-112.

LIU Y, DAI F, 2018a. A damage constitutive model for intermittent jointed rocks under cyclic uniaxial compression[J]. International Journal of Rock Mechanics and Mining Sciences, 103: 289-301.

LOGAN J M, HANDIN J M, 1970. Triaxial compression testing at intermediate strain rates[C]// Proceedings of the 12th US Symposium on Rock Mechanics. [S. l]: [s. n.]: 167-194.

LUO D, SU G, ZHAO G, 2020. Truetriaxial experimental study on mechanical behaviours and acoustic emission characteristics of dynamically induced rock failure[J]. Rock Mechanics and Rock Engineering (53): 1205-1223.

MA L, LIU X, WANG M, et al, 2013. Experimental investigation of the mechanical properties of rock salt under triaxial cyclic loading[J]. International Journal of Rock

Mechanics & Mining Sciences, 62(9):34-41.

MARTIN C, CHANDLER N, 1994. The progressive fracture of Lac du Bonnet granite[J]. International Journal of Rock Mechanics and Mining Sciences and Geomechanics Abstracts, 31(6):643-659.

MASUDA K, MIZUTANI H, YAMADA I, 1987. Experimental study of strain-rate dependence and pressure dependence of failure properties of granite[J]. Journal of Physics of the Earth, 35(1):37-66.

MENG Q, ZHANG M, HAN L, et al, 2016b. Effects of acoustic emission and energy evolution of rock specimens under the uniaxial cyclic loading and unloading compression [J]. Rock Mechanics and Rock Engineering, 49(10):3873-3886.

MENG Q B, HAN L J, P U H, et al, 2016a. Effect of the size and strain rate on the mechanical behavior of rock specimens[J]. Journal of China University of Mining & Technology 45(2): 233-243

MIN M, JIANG B, L U M, et al, 2020. An improved strain-softening model for Beishan granite considering the degradation of elastic modulus[J]. Arab J Geosci 13, 244.

MOMENI A, KARAKUS M, KHANLARI G R, et al, 2015. Effects of cyclic loading on the mechanicalproperties of a granite[J]. Int J Rock Mech Min Sci, 77:89-96.

OKADA T, NAYA T, 2019. A new model for evaluating the dynamic shear strength of rocks based on laboratory test data for earthquake-resistant design[J]. Journal of Rock Mechcmics & Geotechnical Engineering, 11(5):979-989.

PENG S S, PODRIEKS E R, CAIN P J, 1973. Study of rock behavior in cyclic loading[J]. Soc Petrol Engrs, Pre-print SPE-4249:181-192.

PERZYNA P, 1966. Fundametal problems in visco-plasticity[J]. Advances in Applied Mechanics (9): 243-377.

RAY S K, SARKAR M, SINGH T N, 1999. Effect of cyclic loading and strain rate on the mechanical behavior of sandstone[J]. International Journal of Rock Mechanics & Mining Science, 36(4):543-549.

RENANI H R, MARTIN C D, 2018. Cohesion degradation and friction mobilization in brittle failure of rocks[J]. International Journal of Rock Mechanics & Mining Sciences (106):1-13.

ROYER-CARFAGNI G, SALVATORE W, 2015. The characterization of marble by cyclic compression loading: experimental results[J]. International Journal for Numerical & Analytical Methods in Geomechanics, 5(7):535-563.

SANGHA C M, DHIR P K, 1975. Strength and deformation of rock subject to multiaxial compressive stresses[J]. International Journal of Rock Mechanics and Mining Sciences and Geomechanics Abstracts, 12(9):277-282.

SEED H B, IDRISS I M, MAKDISI F, et al, 1975. Representation of irregular stress time histories by equivalent uniform stress series in liquefactionanalysis [D]. California: University of California.

SHI C, DING Z, LEI M, et al, 2014. Accumulated deformation behavior and computational model of water-rich mudstone under cyclic loading[J]. Rock Mechanics and Rock Engineering, 47(4):1485-1491.

SIMA JF, ROCA P, MOLINS C, 2008. Cyclic constitutive model for concrete[J]. Engineering Structures, 30(3): 695-706.

SINGH S K, 1989. Fatigue and strain hardening behavior of graywacke from the flagstaff formation, New South Wales[J]. Engineering Geology, 26(2):171-179.

STOWE R L, AINSWORTH D L, 1972. Effect of rate of loading on strength and Youngs modulus of elasticity of rock[C]// Proceedings of the 10th Symposium on Rock Mechanics. [S. l.]:[s. n.]:3-34.

TAO Z Y, MO H H, 1990. An experimental study and analysis of the behavior of rock under cyclic loading[J]. International Journal of Rock Mechanics & Mining Sciences & Geomechanics Abstracts, 27(1):51-56.

TIAN W H, 2019. Study on energy characteristic of sandstone under dynamic cyclic loading[J]. Xi'an:Xi'an University of Technology.

TIEN Y M, LEE D H, JUANG C H, 1990. Strain, pore pressure and fatigue characteristics of sandstone under various load conditions[J]. International Journal of Rock Mechanics & Mining Sciences & Geomechanics Abstracts, 27(4):283-289.

TRIPPETTA F, COLLETTINI C, MEREDITH P G, et al, 2013. Evolution of the elastic moduli of seismogenic triassic evaporites subjected to cyclic stressing [J]. Tectonophysics, 592(Complete): 67-79.

TSUTSUMI A S, HASHIGUCHI K, 2005. General non-proportional loading behavior of soils[J]. International Journal of Plasticity (21): 1941-1969.

TUTUNCU A N, PODIO A L, SHARMA M M, 1998. Nonlinear viscoelastic behavior of sedimentary rock, part II: hysteresis effects and influence of type of fluid on elastic moduli[J]. Geophysics, 63(1): 195-203.

VANEGHI R G, FERDOSI B, OKOTH A D, et al, 2018. Strength degradation of sandstone and granodiorite under uniaxial cyclic loading[J]. Journal of Rock Mechanics and Geotechnical Engineering, 10(1): 117-126.

WALTON G, 2017b. Scale effects observed in compression testing of Stanstead granite including post-peak strength and dilatancy [J]. Geotechnical & Geological Engineering, 36(4):1-21.

WALTON G, ARZU'A J, ALEJANO L R, et al, 2015. A laboratory testing-based study on the strength, deformability, and dilatancy of carbonate rocks at low confinement [J]. Rock Mechanics & Rock Engineering (48):941-958.

WALTON G, HEDAYAT A, KIM E, et al, 2017a. Post-yield strength and dilatancy evolution across the brittle-ductile transition in Indiana limestone [J]. Rock Mechanics & Rock Engineering, 50(4):1-20.

WANG Y, MA L, FAN P, et al, 2016. A fatigue damage model for rock salt considering the effects of loading frequency and amplitude [J]. International Journal of Mining Science & Technology, 26(5):955-958.

WANG Z, LI S, QIAO L, et al, 2015. Finite element analysis of the hydro-mechanical behavior of an underground crude oil storage facility in granite subject to cyclic loading during operation [J]. International Journal of Rock Mechanics & Mining Sciences (73): 70-81.

WANG Z, QIAO L, ZHAO J, 2013. Fatigue behavior of granite subjected to cyclic loading under triaxial compression condition [J]. Rock Mechanics & Rock Engineering, 46(6):1603-1615.

WANG Z, ZHAO J, LI S, et al, 2012. Fatigue mechanical behavior of granite subjected to cyclic load and its constitutive model [J]. Chinese Journal of Rock Mechanics & Engineering, 31(9):1888-1900.

WANG Z L, LI Y C, WANG J G, 2007. A damage softening stastical constitutive model considering rock residual strength [J]. Computers and Geosciences, 33(1): 1-9.

WANG Z Z, GAO B, JIANG Y J, et al, 2009. Investigation and assessment on mountain tunnels and geotechnical damage after the Wenchuan earthquake [J]. Science in China Series E: Technological Sciences, 52(2): 546-558.

WASANTHA P L P, RANJITH P G, ZHAO J, et al, 2015. Strain rate effect on the mechanical behaviour of sandstones with different grain sizes [J]. Rock Mechanics & Rock Engineering, 48(5):1883-1895.

WEN D, SHI X, 2004. A study on the relationship between attenuation and strain amplitude in rock using endochronic theory [J]. Journal of Experimental Mechanics, 19(3): 19-23.

XIAO J, DING D, JIANG F, et al, 2010. Fatigue damage variable and evolution of rock subjected to cyclic loading [J]. International Journal of Rock Mechanics & Mining Sciences, 47(3):461-468.

XIAO J, DING D, XU G, et al, 2008. Waveform effect on quasi-dynamic loading condition and the mechanical properties of brittle materials [J]. International Journal of Rock Mechanics & Mining Sciences, 45(4):621-626.

XIAO J Q, DING D X, XU G, et al, 2009. Inverted S-shaped model for nonlinear fatigue damage of rock[J]. International Journal of Rock Mechanics & Mining Sciences, 46(3):643-648.

XIE H P, J U YANG, LI L Y, et al, 2008. Energy mechanism of deformation and failure of rock masses[J]. Chinese Journal of Rock Mechanics and Engineering, 27(9): 1729-1740.

XIE L X, ZHAO G M, MENG X R, 2013. Research on damage viscoelastic dynamic constitutive model of soft rock and concrete materials[J]. Chinese Journal of Rock Mechanics & Engineering, 32(4): 857-864

XIN Y, LI M, 2016. Study on deformation mechanism and energy dissipation of rock creep under steploading[J]. Chinese Journal of Rock Mechanics & Engineering, 35(supp.1): 2883-2897.

YANG B, DAFALIAS Y F, HERRMANN, L R, 1985. A bounding surface plasticity model for concrete[J]. Journal of Engineering Mechanics, 111(3): 359-380.

YANG D, ZHANG D, NIU S, et al, 2018. Experiment and study on mechanical property of sandstone post-peak under the cyclic loading and unloading[J]. Geotechnical and Geological Engeering, 36: 1609-1620.

YANG S, RANJITH P G, HUANG Y, et al, 2015. Experimental investigation on mechanical damage characteristics of sandstone under triaxial cyclic loading[J]. Geophysical Journal International, 201(2):662-682.

YANG S, TIAN W, RANJITH P G, 2017. Experimental investigation on deformation failure characteristics of crystalline marble under triaxial cyclic loading[J]. Rock Mechanics & Rock Engineering, 50(1):1-19.

YANKELEVSKY D Z, 1987. Model for cyclic compressive behavior of concrete[J]. Journal of Structural Engineering, 113(2): 228-240.

YE D Y, WANG Z L, 2001. A new approach to low-cycle fatigue damage based on exhaustion of static toughness and dissipation of cyclic plastic strain energy during fatigue[J]. International Journal of Fatigue 23(8):679-687.

ZHANG J, ZHOU S, FANG L, et al, 2013. Effects of axial cyclic loading at constant confining pressures on deformational characteristics of anisotropic argillite[J]. Journal of Central South University, 20(3):799-811.

ZHANG K, ZHOU H, FENG X, et al, 2010. Experimental research on elastoplastic coupling character of marble[J]. Rock and Soil Mechanics, 31(8): 2425-2434.

ZHANG P, XIA C, ZHOU S, et al, 2015. A constitutive model for rock under cyclic loading and unloading[J]. Rock & Soil Mechanics, 36(12):3354-3359.

ZHANG Q B, ZHAO J, 2014. A review of dynamic experimental techniques and mechanical behaviour of rock materials[J]. Rock Mechanics & Rock Engineering, 47(4):

1411-1478.

ZHAO J, FENG X T, YANG C, et al, 2021. Study on time-dependent fracturing behaviour for three different hard rock under high true triaxial stress[J]. Rock Mechanics & Rock Engineering, (54): 1239-1255.

ZHAO J, LIHB, WU M B, et al, 1999. Dynamic uniaxial compression tests on a granite[J]. International Journal of Rock Mechanics and Mining Sciences, 36(2): 273-277.

ZHOU H, YANG Y S, ZHANG C Q, et al, 2015. Experimental investigations on loading-rate dependency of compressive and tensile mechanical behaviour of hard rocks [J]. European Journal of Environmental Civil Engineering, 19(sup1): 70-82.

ZHOU H, ZHANG K, FENG X, 2011. A coupled elasto-plastic-damage mechanical model for marble[J]. Science China Technological Sciences, 54(s1): 228-234.

ZHOU Y Q, SHENG Q, LI N N, et al, 2019. Numerical investigation of the deformation properties of rock materials subjected to cyclic compression by the finite element method[J]. Soil Dynamics and Earthquce Engineering, 126: 105795.

ZHOU Z, WU Z, LI X, et al, 2015. Mechanical behavior of red sandstone under cyclic point loading[J]. Transactions of Nonferrous Metals Society of China, 25(8): 2708-2717.